教授を魅了した大地の結晶

北川隆司　鉱物コレクション

松原 聰 監修

東海大学出版部

監修者のことば

　故北川隆司教授の鉱物コレクションは，趣味多き彼の収集範囲の中でもかなりの熱が注がれた逸品である．今から15年ほど前に，広島大学の集中講義に招かれたことがあったが，その時に彼の研究室に行って非常に驚いた記憶がある．部屋の壁際にある大きな戸棚には，ところ狭しと鉱物標本が陳列してあるではないか！鉱物関係の先生の部屋はずいぶん見てきたが，これだけ大型で立派な結晶群が置かれている所はなかったのである．話を聞くと，自宅にもすごい数の標本があるとのこと，機会があれば見てみたいと思っていながら，ついつい時間が過ぎてしまった．病気療養から一旦は回復して，岡山大学で行われた鉱物学会ではにこやかな顔を見せていた．良かったねと言葉をかけたのもつかの間，それからも再発入院などで4年後には早い人生の幕を下ろしてしまうことになった．彼は私より3つ年下で，まさかこのような形で彼の鉱物標本を紹介する本の監修を手がけるとは思ってもいなかった．

　収集した鉱物を見ると，その人の好みがわかってくる．彼の専門領域は主に粘土鉱物や蛇紋石（アスベスト）で，どちらかというとビジュアルな鉱物ではない．彼のコレクションを占めるのは蛍石，水晶，石膏といった美しく立派な結晶形がよくわかる標本である．研究上の地味さと正反対なものを傍において眺めることで，癒されていたのかもしれない．別の見方をすれば鉱物趣味の初心者が欲しくてたまらない，理屈もいらなく見て楽しい標本でもある．少し残念なのは，正確な産地が不明なものがいくつかあることである．購入品の中には，現地の人が書いた殴り書きのラベル（領収書）などあって，判別が難しい．

　この本は，彼が魅了された2,000点あまりの鉱物から，200点ほどを選んである．国際学会などで訪問した各国の土産品，ツーソン，ミュンヘン，東京などで行われているミネラルフェアでの購入品，もちろん国内外での採集した標本も含めてコレクションが構成されている．写真は彼の指導を受けた広島大学卒業生，小笠原洋さんと吉冨健一さんが仕事の合間を見て撮影をしていただいたと聞く．鉱物のデータ，説明は国立科学博物館の宮脇律郎さんと門馬綱一さんが執筆した．また，彼の業績や人柄などを一番弟子の地下まゆみさん，奥様の北川ふさえさんが紹介している．多くの人々に慕われ，立派な鉱物コレクションを残された故北川隆司教授を偲びつつこの本を楽しんでいただければ，監修者としてこんな嬉しいことはない．

2013年4月　松原　聰

目　次

ペグマタイト　Pegmatite …… 2
球状閃緑岩（ナポレオン岩）　Orbicular diorite …… 2
縞状鉄鉱床　Banded Iron Formation …… 3
珪化木　Petrified Wood …… 3
ダイヤモンド（礫岩中）　Diamond …… 4
石墨　Graphite …… 4
自然硫黄　Native Sulfur …… 5
自然銅　Native Copper …… 6
自然銀　Native Silver …… 6
自然金・石英　Native Gold, Quartz …… 7
自然金　Native Gold …… 7
自然金　Native Gold …… 8
黄鉄鉱　Pyrite …… 8
黄鉄鉱　Pyrite …… 9
黄鉄鉱　Pyrite …… 10
黄銅鉱　Chalcopyrite …… 10
閃亜鉛鉱　Sphalerite …… 11
閃亜鉛鉱・方解石・黄鉄鉱　Sphalerite, Calcite, Pyrite …… 12
斑銅鉱　Bornite …… 12
鶏冠石・方解石　Realgar, Calcite …… 13
輝水鉛鉱　Molybdenite …… 13
輝水鉛鉱　Molybdenite …… 14
輝安鉱　Stibnite …… 14
輝安鉱　Stibnite …… 15
辰砂　Cinnabar …… 16
方鉛鉱・方解石　Galena, Calcite …… 16
安四面銅鉱　Tetrahedrite …… 17
硫砒鉄鉱　Arsenopyrite …… 17
硫砒鉄鉱　Arsenopyrite …… 18
硫砒銅鉱　Enargite …… 18
ルチル・赤鉄鉱・石英（水晶）
Rutile, Hematite, Quartz …… 19
赤銅鉱　Cuprite …… 19
コランダム（鋼玉）　Corundum …… 20
灰簾石中のルビー　Corundum (ruby) in Zoisite …… 21
コランダム（鋼玉）（サファイア）　Corundum (sapphire) …… 21
赤鉄鉱　Hematite …… 22
赤鉄鉱・石英（水晶）　Hematite, Quartz …… 23
磁鉄鉱　Magnetite …… 24
スピネル　Spinel …… 24
クロム鉄鉱　Chromite …… 25
紅亜鉛鉱・珪亜鉛鉱・フランクリン鉄鉱・方解石
Zincite, Willemite, Franklinite, Calcite …… 25
針鉄鉱・石英　Goethite, Quartz …… 26
金緑石（アレキサンドライト）
Chrysoberyl (Alexandrite) …… 26
蛍石　Fluorite …… 27
蛍石・重晶石・閃亜鉛鉱　Fluorite, Barite, Sphalerite …… 28
蛍石　Fluorite …… 28
蛍石　Fluorite …… 29
蛍石　Fluorite …… 30
岩塩　Halite …… 31
方解石　Calcite …… 32
方解石・閃亜鉛鉱　Calcite, Sphalerite …… 32
方解石　Calcite …… 33
方解石（芯に黄鉄鉱）　Calcite with Pyrite …… 33
方解石　Calcite …… 34
方解石（コバルト含有）　Calcite (Co-bearing) …… 34
菱ニッケル鉱　Gaspéite …… 35
菱マンガン鉱　Rhodochrosite …… 35
菱鉄鉱　Siderite …… 36
菱亜鉛鉱　Smithsonite …… 36
菱亜鉛鉱　Smithsonite …… 37
霰石　Aragonite …… 37
霰石　Aragonite …… 38
霰石・自然硫黄　Aragonite, Native Sulfur …… 38
苦灰石　Dolomite …… 39
藍銅鉱　Azurite …… 39
孔雀石　Malachite …… 40
亜鉛孔雀石（ローザ石）　Rosasite …… 40

水亜鉛銅鉱 Aurichalcite	41	オパル（蛋白石）Opal	65
曹灰硼石 Ulexite	41	オパル（蛋白石）Opal	66
灰硼石（コールマン石）Colemanite	42	オパル（蛋白石）Opal	67
石膏 Gypsum	42	苦土橄欖石 Forsterite	68
石膏 Gypsum	43	鉄礬石榴石 Almandine	68
石膏（砂漠の薔薇）Gypsum	44	鉄礬石榴石 Almandine	69
硬石膏 Anhydrite	45	灰礬石榴石 Grossular	70
天青石 Celestine	45	灰鉄石榴石 Andradite	71
重晶石 Barite	46	灰クロム石榴石 Uvarovite	71
重晶石（砂漠の薔薇）Barite	47	ジルコン Zircon	72
アントラー鉱 Antlerite	47	藍晶石 Kyanite	72
胆礬 Chalcanthite	48	藍晶石・十字石 Kyanite, Staurolite	73
紅鉛鉱 Crocoite	48	十字石 Staurolite	73
水鉛鉛鉱 Wulfenite	49	黄玉・石英・白雲母 Topaz, Quartz, Muscovite	74
灰重石 Scheelite	50	異極鉱 Hemimorphite	74
鉄重石 Ferberite	51	異極鉱 Hemimorphite	75
マンガン重石 Hübnerite	51	ベスブ石 Vesuvianite	75
フッ素燐灰石・曹長石 Fluorapatite on Albite	52	マンガン斧石 Axinite-(Mn)	76
フッ素燐灰石 Fluorapatite	52	ダンブリ石 Danburite	76
フッ素燐灰石 Fluorapatite	53	緑簾石・石英 Epidote, Quartz	77
褐鉛鉱 Vanadinite	53	ベニト石 Benitoite	77
ミメット鉱 Mimetite	54	緑柱石（アクアマリン）Beryl (Aquamarine)	78
銀星石 Wavellite	54	緑柱石（エメラルド）Beryl (Emerald)	78
銀星石 Wavellite	55	翠銅鉱 Dioptase	79
ブラジル石 Brazilianite	55	鉄電気石 Schorl	79
ツヤムン石 Tyuyamunite	56	鉄電気石 Schorl	80
石英（水晶）Quartz	56	鉄電気石・曹長石・白雲母 Schorl, Albite, Muscovite	80
石英（水晶）Quartz	57	苦土電気石 Dravite	81
石英（水晶）Quartz	58	リチア電気石（紅電気石）・石英 Elbaite (Rubellite), Quartz	81
石英（ハーキマー水晶）Quartz	58	リチア電気石 Elbaite	82
石英（煙水晶）Quartz	59	リチア電気石（パライバトルマリン）Elbaite	83
石英（煙水晶）Quartz (Smoky Quartz)	60	ユージアル石・エジリン輝石・霞石 Eudialyte, Aegirine, Nepheline	83
石英（紫水晶）Quartz (Amethyst)	61	頑火輝石 Enstatite	84
石英（黄水晶）Quartz (Citrine)	62	透輝石 Diopside	84
石英 Quartz (Rose Quartz)	62	リチア輝石・曹長石・石英 Spodumene, Albite, Quartz	85
石英（鉄石英）Quartz	63	翡翠輝石（ラベンダーひすい）Jadeite	85
石英（虎目石）Quartz (Tiger's Eye)	63	コスモクロア輝石（マウシシ）Kosmochlor	86
石英（虎目石）Quartz (Tiger's Eye)	64	バラ輝石 Rhodonite	86
石英（水入り瑪瑙）Quartz (Agate)	64		
石英（瑪瑙）Quartz (Agate)	65		

バスタム石 Bustamite	87	正長石 Orthoclase	99
星葉石 Astrophyllite	87	正長石（氷長石）・石英 Orthoclase (Adularia), Quartz	100
普通角閃石 Hornblende	88	微斜長石 Microcline	100
緑閃石 Actinolite	88	微斜長石（天河石） Microcline (Amazonite)	101
葡萄石 Prehnite	89	微斜長石（天河石）・石英（煙水晶） Microcline (Amazonite), Quartz	101
魚眼石・輝沸石・束沸石 Apophyllite, Heulandite, Stilbite	89	玻璃長石（月長石） Sanidine (Moonstone)	102
カバンシ石・輝沸石・束沸石 Cavansite, Heulandite, Stilbite	90	灰長石（曹灰長石） Anorthite (Labradorite)	102
オーケン石 Okenite	90	灰長石（曹灰長石） Anorthite (Labradorite)	103
葉蝋石 Pyrophyllite	91	方ソーダ石 Sodalite	103
滑石 Talc	91	方ソーダ石 Sodalite	104
白雲母 Muscovite	92	ラズライト（青金石・瑠璃・ラピスラズリ） Lazurite (Lapis lazuli)	104
白雲母 Muscovite	93	ラズライト（青金石・瑠璃・ラピスラズリ） Lazurite (Lapis lazuli)	105
白雲母・石英・カリ長石 Muscovite (Pink mica), Quartz, K-feldspar	94	束沸石・魚眼石 Stilbite, Apophyllite	105
リチア雲母（鱗雲母） Lepidolite	94	束沸石・魚眼石 Stilbite, Apophyllite	106
リチア雲母（鱗雲母） Lepidolite	95	束沸石・菱マンガン鉱 Stilbite, Rhodochrosite	106
金雲母 Phlogopite	95	ソーダ沸石 Natrolite	107
金雲母 Phlogopite	96	濁沸石 Laumontite	107
クリノクロア石 Clinochlore	97	輝沸石 Heulandite	108
クリノクロア石（含クロム緑泥石・菫泥石） Clinochlore (Kämmererite)	97	琥珀 Amber	108
珪孔雀石 Chrysocolla	98	黒耀岩 Obsidian	109
ガイロル石 Gyrolite	98	方解石上のデンドライト Dendritic Manganese Oxide / Hydroxide on Calcite	109
カリ長石・曹長石 K-feldspar, Albite	99		

北川隆司
鉱物コレクション
200選

ペグマタイト Pegmatite
長野県伊那市

0546

地中の深いところでマグマから花崗岩を構成する石英，長石類，雲母などの造岩鉱物が結晶化していくに従い，造岩鉱物の成分にはなれない元素が溶け残っているマグマに濃縮されていく．そのため，始めはわずかに含まれていた成分や水分も，マグマが冷える最終期には濃縮される．また最終期では，マグマの冷え方も緩やかになり，長い時間をかけて大粒の結晶が成長しやすい条件が整う．このように，ペグマタイトでは，大粒の結晶や希元素など珍しい成分の鉱物が集まっていることも多いので，鉱物を観察するにはとてもおもしろい．

球状閃緑岩（ナポレオン岩） Orbicular diorite
オーストラリア　W.A., Australia

0631

閃緑岩は深成岩の一種で，曹長石など白色の斜長石と，角閃石など暗色の有色鉱物からなる．これらが同心球状に配列し，断面に縞模様を見せるため，球状閃緑岩と呼ばれる．フランス皇帝ナポレオンⅠ世の出身地として知られるコルシカ島が産地として有名で，ナポレオン岩の別称がある．

縞状鉄鉱床 Banded Iron Formation
オーストラリア W.A., Australia

始生代中頃（約35億年前）の海底に堆積した鉄の酸化物を主体とする堆積鉱床．鉄に富む赤から赤褐色の部分と，ケイ酸塩鉱物などに富む色の薄い部分が，相互に積み重なり，断面に縞状の模様が見られる．生物の光合成が始まって酸素が供給されると，無酸素状態の海水に大量に溶解していた鉄のイオンが，水に溶けない酸化物として析出し，ゆっくりと海底に沈殿，堆積したものと考えられている．

珪化木 Petrified Wood
アメリカ合衆国 Arizona, U.S.A.

酸化ケイ素で無機置換された鉱化化石材．樹幹の細胞壁や細胞内に浸透した水溶液に僅かに溶けていたケイ酸が析出して，組織の構造を残すように充填した結果，化学的に安定な酸化ケイ素（めのう[石英]やオパール）に置き換えられた木の化石となったものである．珪化が進むと組織の構造が保てなくなって，均一に近い樹木オパールになることもある．

ダイヤモンド（礫岩中） Diamond

ブラジル Minas Gerais, Brazil

化学式：C　結晶系：立方晶系　色：無, 黄, 青　条痕色：白　光沢：ダイヤモンド　劈開：四方向に完全　硬度：10　密度：3.5

ダイヤモンドはほぼ炭素だけからできている．地表からの深さ200 kmほどの上部マントルで，高い圧力と温度の下で結晶化する．急上昇したマグマに伴い地表にもたらされた地球内部からの手紙でもある．極めて硬く切削工具に使われ，光の屈折が強く美しい宝石にもなる．風化に耐え，水の流れで集まることもある．炭と同じく空気中では燃焼する．

石墨 Graphite

スリランカ Sri Lanka

化学式：C　結晶系：六方晶系　色：黒　条痕色：黒　光沢：金属ときに土状　劈開：一方向に完全　硬度：1-1½　密度：2.2

石墨（グラファイト）もダイヤモンドと同じくほぼ炭素だけからできている．しかし，黒くて軟らかく電気を通す特徴はダイヤモンドと際立って異なる．同じ成分でありながらこのような違いが現れるのは，結晶内部での炭素同士の化学結合様式が異なるからである．結合に弱い方位があり，それに沿って薄く剥がれる（劈開）．鉛筆の芯は石墨を主原料としてこの特性を利用したものだ．石墨は，黒鉛と呼ばれることもあるが，鉛は含まれない．従って鉛筆の芯にも鉛は含まれない．導電性により電池の電極にも使われる．石炭にも多く含まれている．

自然硫黄 Native Sulfur

メキシコ　Baja California, Mexico
化学式：S　結晶系：斜方晶系　色：黄, 灰, 橙　条痕色：白　光沢：樹脂〜油脂　劈開：不完全　硬度：1½–2½　密度：2.1

ほぼ単一の元素からできている鉱物の名前は，ダイヤモンドや石墨のような例外を除けば，元素名の前に「自然」を付けて呼ぶ．英語では「生まれながらの」意味で「native」を付ける．自然硫黄は火山や温泉の噴気孔に見られる．鮮やかな黄色は目に付きやすい．粉状の微細結晶の被膜や塊になることも多いが，細長く伸びた八面体の形状が判る結晶に成長することもある．自然硫黄は8つの硫黄原子が王冠状に連なった環状分子からなり，構造式はS_8と記される．

自然硫黄 Native Sulfur

イタリア　Italy
化学式：S　結晶系：斜方晶系　色：黄, 灰, 橙　条痕色：白　光沢：樹脂〜油脂　劈開：不完全　硬度：1½–2½　密度：2.1

硫黄は硫酸の原料であり，製紙をはじめ，ゴム，火薬，殺虫剤，染料，肥料の製造に欠かせない．かつては国内にも硫黄鉱山が稼働し，また黄鉄鉱や磁硫鉄鉱からも硫黄が合成されたが，今では原油の製油工程で脱硫の副産物として得られる硫黄に取って代わられている．自然硫黄の粉は天然入浴剤としても需要がある．学名の語源はラテン語の「燃える石」で，炎を近づけると赤色の液体に融け，また燃やすと青白い炎をあげる．

自然銅 Native Copper

アメリカ合衆国　Arizona, U.S.A.

化学式：Cu　結晶系：立方晶系　色：銅赤　条痕色：銅赤　光沢：金属　劈開：なし（延性）　硬度：2½　密度：8.9

電気や熱を伝えやすい銅製品の主体金属である銅は，純粋に近い銅（少量の他金属との合金）として天然に産することがある．六面体や十二面体の結晶面が見られることもあるが，多くの場合小さな結晶がつながり，時に樹枝状の集合体を成す．自然銅は金属銅と同様に表面で化学反応を起こし，硫化物となって褐色にくすんだり，炭酸塩や水酸化物となって緑色の粉で覆われる．地質作用で変化したものは銅の二次鉱物と呼ばれる．自然銅の色は純銅の色と同じで，銅とスズの合金，青銅（ブロンズ）とも似るが，銅と亜鉛の合金，真鍮（ブラス）とは異なる．

自然銀 Native Silver

カナダ　Hi-Ho mine, Glen Lake, Ontario, Canada

化学式：Ag　結晶系：立方晶系　色：銀白　条痕色：銀白　光沢：金属　劈開：なし（延性）　硬度：2½　密度：10.5

自然銀は，ひげ状，箔状，樹枝状など曲線を伴う形状で産することが多い．純粋に近い銀合金である自然銀には，自然金や自然銅，それに様々な金属材料と同様に展性・延性が備わり，そのため自在に変形できることが特徴である．銀は銅に勝るとも劣らず，その表面での化学反応が著しい．自然銀の標本を，表面での硫化物の生成から回避して，銀白色の光沢を保って維持するのは，銀細工を取り扱うことと同様に大変なことである．銀の利用には長い歴史があり，現代ではその抗菌作用なども応用され，普段の生活に幅広く関わっている．

自然金・石英 Native Gold, Quartz

オーストラリア　Laverton, North Coolgardie Goldfield, W.A., Australia

化学式：Au　結晶系：立方晶系　色：黄金　条痕色：黄金　光沢：金属　劈開：なし（延性）　硬度：2½　密度：19.3
化学式：SiO_2　結晶系：三方晶系　色：無，白，褐黒，紫，黄など　条痕色：白　光沢：ガラス　劈開：なし　硬度：7　密度：2.7

金は化学的に安定で，化合物を作ることが少ないため，純粋に近い金として産する機会が他の元素に比べて際立って多い．自然金は精錬しなくとも金属材料としてそのまま加工・利用できるため，人類による金の利用の歴史は相当長いと考えられている．金の原子は熱水に溶けて移動し，熱水の冷却に伴い晶出するので，それが特定場所で長期に亘り持続されると金の濃集が起こり金の鉱床が形成される．このような地質作用には石英の結晶化も伴うので，石英は金鉱床の重要な指標鉱物でもある．

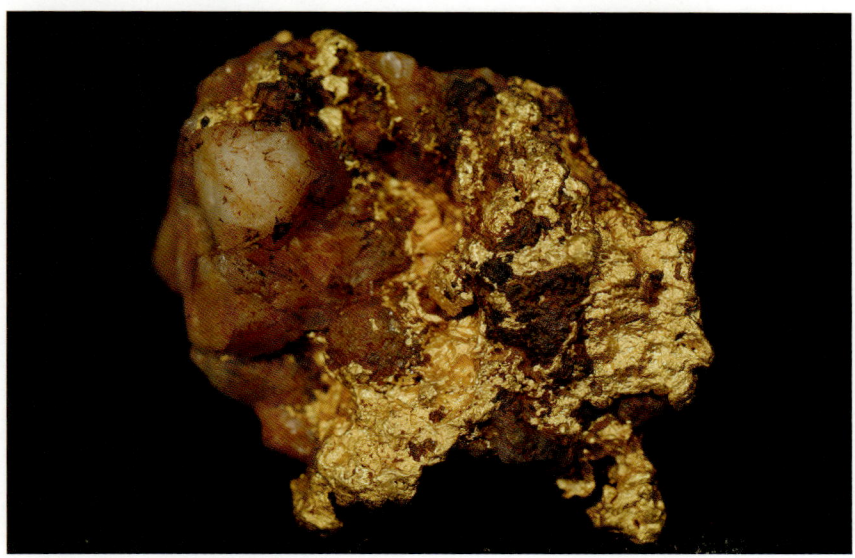

自然金 Native Gold

アメリカ合衆国　Olinghouse, Nevada, U.S.A.

化学式：Au　結晶系：立方晶系　色：黄金　条痕色：黄金　光沢：金属　劈開：なし（延性）　硬度：2½　密度：19.3

自然金が，地質作用で変質した安山岩を貫く熱水脈の空隙に，石英と共に晶出している．空隙が晶洞を成すほどであったため，自然金は樹枝状に成長している．金は，化学的に安定なため，化学的変質を受けることなく，黄金色の光沢を保っている．周囲の母岩が風化しても，自然金や石英は変質することは無く，砂礫となって風や流水により運ばれ，それぞれの密度に依って特定の場所に濃集する．水の約20倍の比重を持つ金は，激しい流れのみによって運ばれ，川底などに砂金として貯まる．

自然金 Native Gold

0759

チリ Chile
化学式：Au　結晶系：立方晶系　色：黄金　条痕色：黄金　光沢：金属　劈開：なし（延性）　硬度：2½　密度：19.3

自然金は，銀や銅などと天然の合金を成していることがほとんどである．特に銀との合金は，エレクトラムとも呼ばれる．稀に砂金の表面で金の純度が高められている現象も見られる．安定で反応性の低い金であるが，金の化合物の種類は少なくない．テルル化物や金属間化合物を中心に30種近くの金の化合物の鉱物が知られている．国内唯一の金属鉱山である菱刈鉱山の金鉱石の品位は鉱石1t当たり金40gと世界的にも高いレベルにある．

黄鉄鉱 Pyrite

0459

スペイン　Navajún, La Rioja, Spain
化学式：FeS_2　結晶系：立方晶系　色：真鍮黄　条痕色：暗緑黒，暗褐黒　光沢：金属　劈開：不明瞭　硬度：6　密度：5.0

鉄の硫化物（鉄と硫黄の化合物）で，硫化鉱物の中でも普遍的なものである．黄鉄鉱は，金色に輝くため，金と間違えられることもある．そのため「愚者の金」というあだ名がある．黄鉄鉱が金と際立って違うのは，その条痕色（粉末の色に相当）である．金を試金石や素焼きに擦りつけると金色の線（条痕）が描かれるのに対し，黄鉄鉱では緑を帯び黒ずんだ線が描かれる．かつては硫酸の原料として広く利用されていたが，現在では石油の脱硫で回収される硫黄に代替された．

黄鉄鉱 Pyrite

スペイン　Logrona, Spain

化学式：FeS$_2$　結晶系：立方晶系　色：真鍮黄　条痕色：暗緑黒, 暗褐黒　光沢：金属　劈開：不明瞭　硬度：6　密度：5.0

黄鉄鉱は規則的な結晶面で構成される自形結晶を成すことが多い．結晶面は人工的に研磨したのでは，と疑われるほど平滑なこともある．中でもサイコロ状の立方体結晶は黄鉄鉱に特徴的な結晶形態である．顕微鏡でしか見えない小さな結晶から，時には一辺が10cmを超えるような大きな結晶もある．六面体結晶の正方形の結晶面には細かい筋（条線）が発達していることがある．そして隣り合う結晶面では条線の方向が直交するという規則的な特徴がある．

黄鉄鉱 Pyrite

ペルー　Peru

化学式：FeS$_2$　結晶系：立方晶系　色：真鍮黄　条痕色：暗緑黒, 暗褐黒　光沢：金属　劈開：不明瞭　硬度：6　密度：5.0

黄鉄鉱は六面体のサイコロ状結晶のほかにも，様々な形態の自形結晶が知られる．8つの正三角形の結晶面で囲まれた正八面体結晶も，立方晶系の鉱物に特徴的な形態である．黄鉄鉱は硫化鉱物の中でも比較的硬く，展性が無いので変形しないで砕ける．ただし，岩塩や蛍石のように，綺麗な平面で割れるようなことはない（劈開がはっきりしない）．黄鉄鉱をハンマーで打つと火花が散る．学名がギリシャ語の火に由来する所以である．黄鉄鉱の特徴的な結晶形態には，五角十二面体もある．

黄鉄鉱　Pyrite

中華人民共和国　China

化学式：FeS$_2$　結晶系：立方晶系　色：真鍮黄　条痕色：暗緑黒，暗褐黒　光沢：金属　劈開：不明瞭　硬度：6　密度：5.0

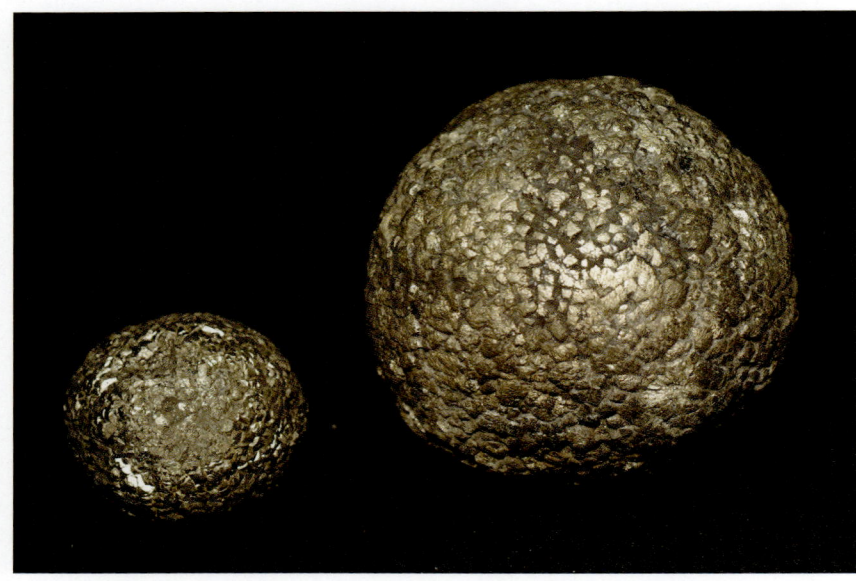

黄鉄鉱の針状結晶が，放射状に集合して円盤状になったり球状になったりすることもある．堆積物（岩）には，直径 1/1000mm 程度の極微細な黄鉄鉱結晶が球状に集まって，1/100～1/10mm ぐらいの粒子を構成することがしばしばあり，フランボイダル（木苺のような）黄鉄鉱として注目されている．
黄鉄鉱は方鉛鉱などと同様に半導体で，鉱石ラジオなどに使用された．最近薄膜太陽電池の半導体材料として注目を集め始めている．

黄銅鉱　Chalcopyrite

新潟県草倉銅山

化学式：CuFeS$_2$　結晶系：正方晶系　色：真鍮黄　条痕色：緑黒　光沢：金属　劈開：なし　硬度：4　密度：4.3

銅と鉄を主成分とする最も普通の硫化物．また銅の最も重要な鉱石鉱物．かつては日本国内の銅山からも採掘された．標本産地の他の銅山として，同じ鉱脈鉱床の秋田県尾去沢，栃木県足尾，石川県尾小屋，兵庫県生野の各鉱山が挙げられる．また，黒鉱鉱床の秋田県小坂，スカルン鉱床の埼玉秩父，層状含銅硫化鉄鉱鉱床の茨城県日立，愛媛県別子の各鉱山からも多産した．硬度や条痕色で金や黄鉄鉱と区別が付く．四面体結晶や複雑な双晶も特徴的であるが，緑色の銅の二次鉱物の存在が黄銅鉱との判定の決め手になることもある．

閃亜鉛鉱　Sphalerite

中華人民共和国湖南省　China

化学式：ZnS　結晶系：立方晶系　色：黄，褐，黒　条痕色：黄から淡褐　光沢：樹脂，ダイヤモンド　劈開：六方向に完全　硬度：4　密度：4.1

閃亜鉛鉱は亜鉛の硫化物で，亜鉛の最も重要な鉱石鉱物である．純粋な硫化亜鉛の結晶は，硫化物としては珍しく無色透明であるが，閃亜鉛鉱は少量の鉄が亜鉛を同形置換しており，褐色から黒色を呈する．鉄の含有量が少なく黄色い結晶は「べっこう亜鉛」とも呼ばれ，鉄が非常に多いと黒い結晶になる．四面体や十二面体の結晶となることがあり，双晶して複雑な形状となることも多い．繊維状結晶がぶどう状の塊に集合して産出することもある．

閃亜鉛鉱　Sphalerite

アメリカ合衆国　U.S.A.

化学式：ZnS　結晶系：立方晶系　色：黄，褐，黒　条痕色：黄から淡褐　光沢：樹脂，ダイヤモンド　劈開：六方向に完全　硬度：4　密度：4.1

閃亜鉛鉱の結晶中で亜鉛を置換する元素には鉄の他，マンガン，微量のガリウム，カドミウム，インジウム，ゲルマニウム，銀などがある．産地によりニッケルやコバルトを含むこともある．これらの内，ガリウム，インジウム，カドミウム，ゲルマニウムはこれらの資源となる品位の高い鉱石が無いため，閃亜鉛鉱から亜鉛を精錬する時の副産物として回収される．閃亜鉛鉱は亜鉛の主要な資源である．亜鉛で薄くめっきした鉄板がトタンで，銅と亜鉛の合金，真鍮(黄銅)も広く利用されている．

閃亜鉛鉱・方解石・黄鉄鉱　Sphalerite, Calcite, Pyrite　　0505
コソボ　Trepča mine, Kosovo

化学式：ZnS　結晶系：立方晶系　色：黄，褐，黒　条痕色：黄から淡褐　光沢：樹脂，ダイヤモンド　劈開：六方向に完全　硬度：4　密度：4.1
化学式：Ca(CO$_3$)　結晶系：三方晶系　色：無，白，淡灰，黄，淡緑，淡紅　条痕色：白　光沢：ガラス　劈開：三方向に完全　硬度：3　密度：2.7
化学式：FeS$_2$　結晶系：立方晶系　色：真鍮黄　条痕色：暗緑黒，暗褐黒　光沢：金属　劈開：不明瞭　硬度：6　密度：5.0

閃亜鉛鉱と同じ硫化亜鉛のウルツ鉱は六方晶系に属し，六角柱状結晶ならばこれらの鉱物の区別が付く．しかしウルツ鉱も繊維状やその集合したぶどう状で産出することが多く，このような産状では，両鉱物の区別は難しい．さらに，ウルツ鉱がその形状だけを持ち閃亜鉛鉱に変化（相転移）していること（仮晶）も多く，注意を要する．閃亜鉛鉱は，この標本のように黄鉄鉱や，他には，方鉛鉱，黄銅鉱を伴って産出することが多い．

斑銅鉱　Bornite　　0502
カザフ共和国　Djezkazgan, Kazakhstan

化学式：Cu$_5$FeS$_4$　結晶系：斜方（擬立方）晶系　色：銅赤　条痕色：灰　光沢：金属　劈開：なし　硬度：3　密度：5.1

斑銅鉱は銅と鉄の硫化物で，銅鉱床の高品位部に産する重要な鉱石鉱物である．通常は塊状で産出する．自形結晶は六面体や十二面体だが非常に稀で，国内では微細なものしか見つかっていない．新鮮な赤銅色の断面は，空気に触れると虹色に煌めく青紫（イリデッセンス，暈色）に変色する．これは表面にできる薄い酸化膜で光の干渉が起こるため，と考えられている．このカナヘビのしっぽや孔雀の羽のような金属的な光沢によりピーコック・オア（孔雀色の鉱石）とも呼ばれる．

鶏冠石・方解石　Realgar, Calcite　　0720
中華人民共和国　China
化学式：As$_4$S$_4$　結晶系：単斜晶系　色：赤，赤橙　条痕色：朱　光沢：樹脂～油脂　劈開：一方向に良好　硬度：1½-2　密度：3.6
化学式：Ca(CO$_3$)　結晶系：三方晶系　色：無，白，淡灰，黄，淡緑，淡紅　条痕色：白　光沢：ガラス　劈開：三方向に完全　硬度：3　密度：2.7

鮮やかな朱色をしたヒ素の硫化物は，古より顔料として用いられてきた．短柱状結晶として産することもあるが，微粉末の皮膜状集合体のことが多い．強い光に曝すと，化学組成はそのままに黄橙色のパラ鶏冠石に変化する．鶏冠石は水に溶けないので，直接の毒性は心配要らないが，表面で酸化が進むと可溶性で猛毒の亜ヒ酸になるので取扱の注意を要する．近年，ヒ素は，半導体の原料として重要になっている．

輝水鉛鉱　Molybdenite　　0277
島根県小馬木鉱山
化学式：MoS$_2$　結晶系：六方晶系，三方晶系　色：鉛灰　条痕色：鉛灰　光沢：金属　劈開：一方向に完全　硬度：1½　密度：4.9

モリブデンの古い和名が「水鉛」で，やや明るい鉛に似た金属光沢を持つことが，和名の由来となっている．六角板状や葉片状の結晶形態を示す．潤滑剤の硫化モリブデンと同質の鉱物で，弱い結合で積層した層状の結晶構造による劈開が著しく，指で触れると鉛色の粉が付き，すべすべした手触りがある．層状構造の積層様式の違いで六方晶系と三方晶系のポリタイプが知られる．

輝水鉛鉱 Molybdenite

0493

島根県大東鉱山

化学式：MoS_2　結晶系：六方晶系，三方晶系　色：鉛灰　条痕色：鉛灰　光沢：金属　劈開：一方向に完全　硬度：1½　密度：4.9

輝水鉛鉱はモリブデンのほぼ唯一の鉱石鉱物である．硫化モリブデンは，高温や真空中でも使用できる固体の潤滑材で，オイルやグリースに混合して使われることも多い．モリブデンは主に鉄鋼に機械的強度や耐熱性を持たせるために添加される．また，耐火合金，接点材料，電極などに用いられる．輝水鉛鉱に微量に含まれるレニウムは貴重な資源として，モリブデンの精錬工程での副産物として回収される．

輝安鉱 Stibnite

0069

愛媛県市ノ川鉱山

化学式：Sb_2S_3　結晶系：斜方晶系　色：鉛灰　条痕色：鉛灰　光沢：金属　劈開：一方向に完全　硬度：2　密度：4.6

輝安鉱はレアメタルの1つ，アンチモンの硫化物である．鉛色の金属光沢を示す長く伸びた柱状結晶が特徴である．また結晶の伸び方向に筋（条線）が明瞭に見えることも特徴の一つである．市ノ川鉱山は世界的に著名な産地で，長い結晶は1m近くに達し，日本刀を想わせる外観で人々を魅了する．明治時代に多くの巨晶が海外に出てしまい，国内に残った標本は限られる．明治初期に所蔵された標本では，産地の登録がYiyo（伊豫国）となっているものもある．

輝安鉱　Stibnite

中華人民共和国江西省臨武県　China

化学式：Sb_2S_3　結晶系：斜方晶系　色：鉛灰　条痕色：鉛灰　光沢：金属　劈開：一方向に完全　硬度：2　密度：4.6

輝安鉱は見た目に反して軟らかい鉱物である．モース硬度2は爪で傷が付く程度の硬さである．柱状の結晶が変形し，結晶面や条線に湾曲部分がはっきりわかることも少なくない．長時間に亘り力が加わるような保管や展示を続けると結晶の変形が進んでしまうため，注意を要する．また，融点は５５０℃程度で，ライターの炎で融かすことができる．

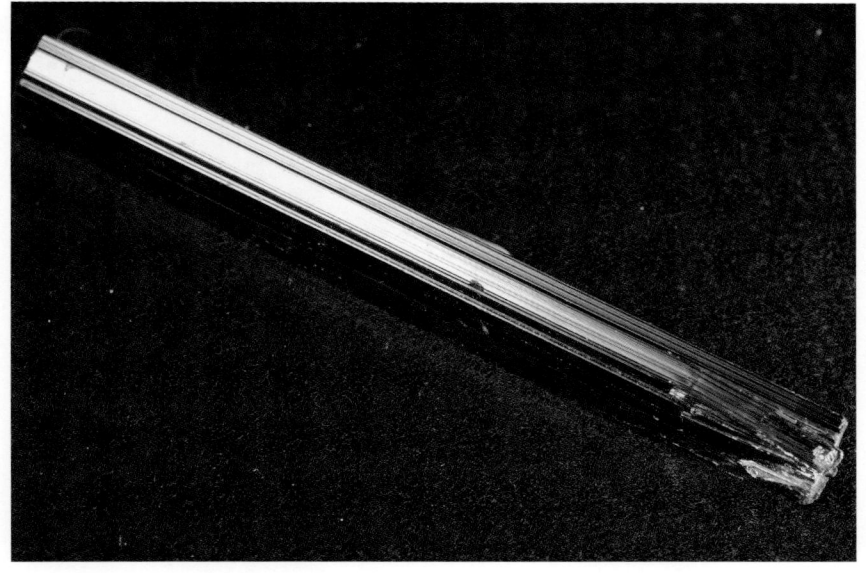

輝安鉱　Stibnite

中華人民共和国湖南省新化錫鉱山　China

化学式：Sb_2S_3　結晶系：斜方晶系　色：鉛灰　条痕色：鉛灰　光沢：金属　劈開：一方向に完全　硬度：2　密度：4.6

輝安鉱の結晶の形態は，柱状の他に，針状，毛状が顕著で，どれも細長い特徴で共通している．アンチモンは輝安鉱を主要な資源とし，合金として印刷用の活字，鉛蓄電池の電極や工芸品，また，半導体（アンチモン化インジウム，アンチモン化ガリウムなど）として高感度の赤外線検出器などに利用される．一方，酸化物は難燃剤としてプラスチックに添加される．

辰砂　Cinnabar

中華人民共和国湖南省吉首市鳳凰　China
化学式：HgS　結晶系：三方晶系　色：深紅　条痕色：朱　光沢：ダイヤモンド〜亜金属　劈開：三方向に完全　硬度：2-2½　密度：8.2

水銀の硫化物．辰砂は古くから顔料や防腐剤として利用されてきた鉱物である．朱の主成分であり，岩絵の具の朱，本来の朱肉は辰砂を砕いて粉末にして調製する．「丹」の字は，辰砂の色，あるいは辰砂そのものを表し，丹生など丹の付く地名は辰砂の産地との関わりが深いことが多い．伝統中国医学では鎮静や催眠の漢方薬にも処方されるが，水銀を含むので注意を要する．辰砂を加熱すると水銀蒸気と亜硫酸ガスに分解する．水銀は，伝統的な金の精錬や鍍金に欠かせない元素で，体温計や血圧計，蛍光灯や水銀灯など身の回りでも使われている．

方鉛鉱・方解石　Galena, Calcite

アメリカ合衆国　Sweetwater mine, Reynolds, Missouri, U.S.A.
化学式：PbS　結晶系：立方晶系　色：鉛灰　条痕色：鉛灰　光沢：金属　劈開：三方向に完全　硬度：2½　密度：7.6
化学式：Ca(CO$_3$)　結晶系：三方晶系　色：無，白，淡灰，黄，淡緑，淡紅　条痕色：白　光沢：ガラス　劈開：三方向に完全　硬度：3　密度：2.7

方鉛鉱は普通に産する鉛の硫化物で，鉛の重要な鉱石鉱物．六面体や六面体と八面体とが組み合わさった結晶形態を示す．劈開によりサイコロ状の六面体に割れる．空気中で酸化しやすく，次第に光沢を失い，やがて表面に白い膜を作る．鉛は中世より伝統的な金銀の精錬（灰吹法）や鉄砲玉として政略的に重要な金属である．鉛蓄電池（バッテリー）や，X線やγ線などの放射線遮へい材料などに用いられる．電気回路などにつかわれるはんだは，鉛とスズの合金だが，環境問題などから鉛フリーはんだ（鉛を含まないもの）に代わりつつある．

安四面銅鉱　Tetrahedrite

北海道手稲鉱山

化学式：$Cu_{12}(Sb,As)_4S_{13}$　結晶系：立方晶系　色：灰黒　条痕色：褐〜黒　光沢：金属　劈開：なし　硬度：3½　密度：5.0

銅とアンチモンの硫塩で，アンチモンの半分以上がヒ素で置き換えられた鉱物が砒四面銅鉱である．アンチモンとヒ素の含有率は任意に変動し，その比率が判らない場合，両鉱物をまとめて四面銅鉱と呼ぶ．4つの三角形の結晶面から成る四面体の結晶に因んだ鉱物名である．しかし不規則な塊状で産出することが多い．銅の一部が鉄や亜鉛で置き換わっていることが普通で，銀，水銀，テルル，セレンも含まれることがある．

硫砒鉄鉱　Arsenopyrite

中華人民共和国湖南省新化　China

化学式：FeAsS　結晶系：単斜晶系　色：帯黄鋼灰　条痕色：灰黒　光沢：金属　劈開：一方向に明瞭　硬度：5½-6　密度：6.2

硫砒鉄鉱は鉄とヒ素の硫化物で，ヒ素の代表的鉱石鉱物である．ひな祭りの菱餅のような菱形板状の結晶外形が特徴で，板厚が極端に増大して菱形断面の柱状晶に成長することもある．また粒状や塊状で産出する場合もある．結晶表面が酸化すると黄色味を帯び，黄鉄鉱のような真鍮色になる．

硫砒鉄鉱　Arsenopyrite

大分県尾平鉱山
化学式：FeAsS　結晶系：単斜晶系　色：帯黄鋼灰　条痕色：灰黒　光沢：金属　劈開：一方向に明瞭　硬度：5½-6　密度：6.2

菱形断面を持つ硫砒鉄鉱の柱状晶．尾平鉱山は埼玉県秩父鉱山と並んで硫砒鉄鉱の産地として知られるスカルン鉱床である．国内で著名な他のタイプの鉱床の硫砒鉄鉱の産地は，鉱脈鉱床の宮城県大谷鉱山，栃木県足尾鉱山，兵庫県生野鉱山など，いずれも黄銅鉱を産する銅山でもある．

硫砒銅鉱　Enargite

台湾金瓜石鉱山　China
化学式：Cu_3AsS_4　結晶系：斜方晶系　色：灰黒　条痕色：黒　光沢：金属　劈開：一方向に完全　硬度：3　密度：4.4

銅とヒ素の硫化物の硫砒銅鉱は，鉱物名が硫砒鉄鉱との関連を想わせるが，単純に硫砒鉄鉱の鉄を銅で置き換えたものではない．化学式に元素の含有比率（原子比）の違いが見られ，結晶系も異なる．硫砒銅鉱の結晶構造ではヒ素原子は4つの硫黄原子と結合してAsS_4四面体の原子団を成している．そのため単純な硫化物とは区別して硫塩という仲間に分類される．伸長方向に筋（条線）が発達した柱状晶が特徴である．

ルチル・赤鉄鉱・石英（水晶）　Rutile, Hematite, Quartz

ブラジル　Novo Horizonte, Bahia, Brazil

化学式：TiO_2　結晶系：正方晶系　色：黄金，赤褐　条痕色：淡黄褐　光沢：ダイヤモンド〜金属　劈開：二方向に完全　硬度：6-6½　密度：4.2
化学式：Fe_2O_3　結晶系：三方晶系　色：鋼灰黒，赤褐　条痕色：赤〜赤褐　光沢：金属，土状　劈開：なし　硬度：5-6　密度：5.3
化学式：SiO_2　結晶系：三方晶系　色：無，白，褐黒，紫，黄など　条痕色：白　光沢：ガラス　劈開：なし　硬度：7　密度：2.7

ルチル（金紅石）はチタンの酸化物である．造岩鉱物としていろいろな岩石に見られる．この標本のように水晶の結晶中に針状や繊維状の黄金色結晶が束になって含まれることもしばしば見られる．柱状結晶では，伸長方向に筋（条線）が見られる．酸化チタンの鉱物には他に，結晶構造の異なる鋭錐石と板チタン石があるが，ルチルの産出頻度が最も高い．チタンの鉱石鉱物である．

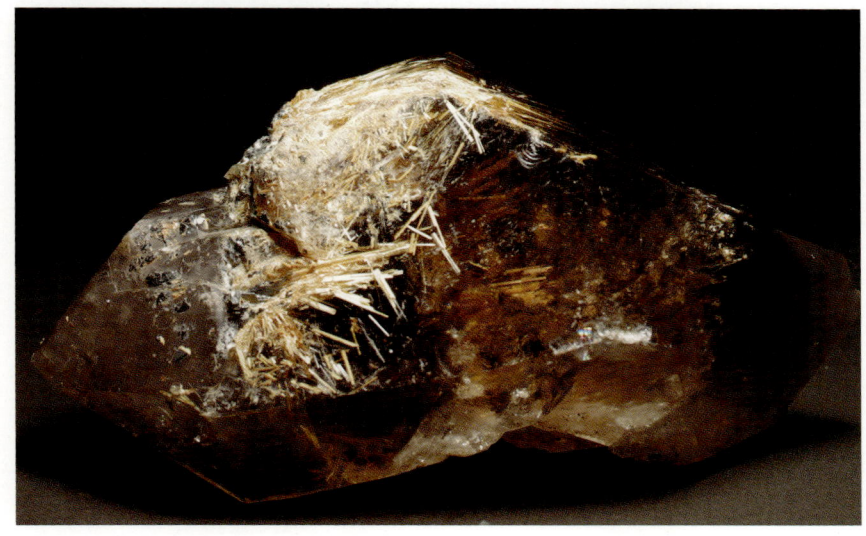

赤銅鉱　Cuprite

鳥取県岩美銅山

化学式：Cu_2O　結晶系：立方晶系　色：暗赤　条痕色：褐赤　光沢：ダイヤモンド〜亜金属　劈開：なし　硬度：3½-4　密度：6.2

赤銅鉱は銅の酸化物で，銅が1価の陽イオンとなっていることが，2価の銅の酸化物である黒銅鉱との違いである．銅鉱床の酸化帯で，自然銅や孔雀石に伴う．赤銅鉱は微細な結晶が箔状や塊状に集合して産する場合や，六面体，八面体まれに十二面体の自形結晶として産することもある．針状や毛状結晶の赤銅鉱も産し，特に後者には毛銅鉱との別称がある．

コランダム(鋼玉) Corundum 0061
スリランカ　Ratnapura, Sri Lanka
化学式：Al_2O_3　結晶系：三方晶系　色：無，赤，黄，緑，青，紫，灰　条痕色：白　光沢：ガラス～ダイヤモンド　劈開：なし　硬度：9　密度：4.0

コランダムはアルミニウムの酸化物で，モース硬度9とダイヤモンドに次ぐ．研磨剤として使われるエメリーはコランダムを多量に含む変成岩である．融点は2000℃を超え，耐火物の原料として利用される．六角柱状や六角板状の結晶形が一般的な形状．同等の合成物はアルミナのα相として知られ，研磨剤や耐火性のセラミックスの他，時計や精密計器の軸受けに使われる．

コランダム(鋼玉) Corundum 0310
広島県勝光山
化学式：Al_2O_3　結晶系：三方晶系　色：無，赤，黄，緑，青，紫，灰　条痕色：白　光沢：ガラス～ダイヤモンド　劈開：なし　硬度：9　密度：4.0

コランダムの産地としてはインド，スリランカ，タイ，ベトナムといったアジア地域の変成岩分布地域が有名である．残念ながら我が日本には宝石になるようなコランダムは産しないが，広島県庄原市のロウ石鉱床（粘土鉱床）には青色不透明なコランダムが沢山産出する．その縞模様から「虎石」とも呼ばれている．

灰簾石中のルビー　Corundum (ruby) in Zoisite

タンザニア　Tanzania
化学式：Al_2O_3　結晶系：三方晶系　色：無，赤，黄，緑，青，紫，灰　条痕色：白　光沢：ガラス～ダイヤモンド　劈開：なし　硬度：9　密度：4.0
化学式：$Ca_2Al_3(Si_2O_7)(SiO_4)O(OH)$　結晶系：斜方晶系　色：白，灰，緑褐，緑灰，淡紅，青　条痕色：黒　光沢：ガラス　劈開：一方向に完全　硬度：6-7　密度：3.3

純粋なコランダムには色がないが，微量成分を様々に含むことがあり，その成分により赤や青など多様に変わる．ルビーは濃い赤色のコランダムである．アルミニウムの一部を置換するクロムが発色の要因となっている．透明で大粒の宝石質の結晶は稀産であるが，人工的に合成する技術が確立している．スタールビーは結晶内部に整列したルチル（金紅石）の針状結晶による光の干渉でアステリズム（星彩）効果が顕れたルビーである．周囲の灰簾石は，タンザニアから透明な青紫の大粒結晶が見つかり，タンザナイト，という宝石名で呼ばれている．

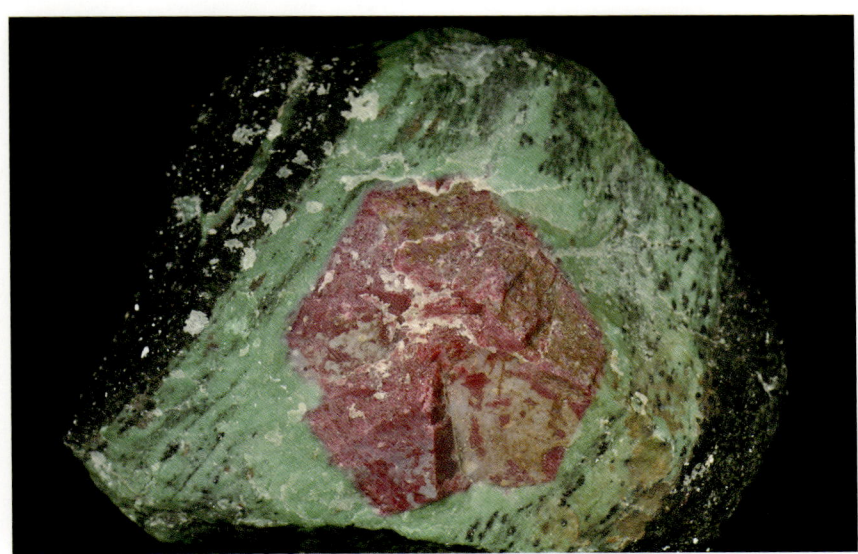

コランダム（鋼玉）（サファイア）　Corundum (sapphire)

ロシア　Chelyabinskaya, South Ural, Russia
化学式：Al_2O_3　結晶系：三方晶系　色：無，赤，黄，緑，青，紫，灰　条痕色：白　光沢：ガラス～ダイヤモンド　劈開：なし　硬度：9　密度：4.0

濃い赤のルビー以外の宝石質コランダムをサファイアと呼ぶ．元来は青いコランダムの別称であった．青色の発色は，微量に含まれる鉄とチタンの間で起こる電子のやりとり．クロムの含有量が少なくルビーとしての基準に満たない薄い赤色のコランダムはピンクサファイアと呼ばれる．加熱や放射線照射で色調を高める処理が行われることもある．

赤鉄鉱　Hematite　　　　　　　　　　　　　　　　　　　　　　0674
朝鮮民主主義人民共和国　North Korea
化学式：Fe_2O_3　結晶系：三方晶系　色：鋼灰黒，赤褐　条痕色：赤～赤褐　光沢：金属，土状　劈開：なし　硬度：5-6　密度：5.3

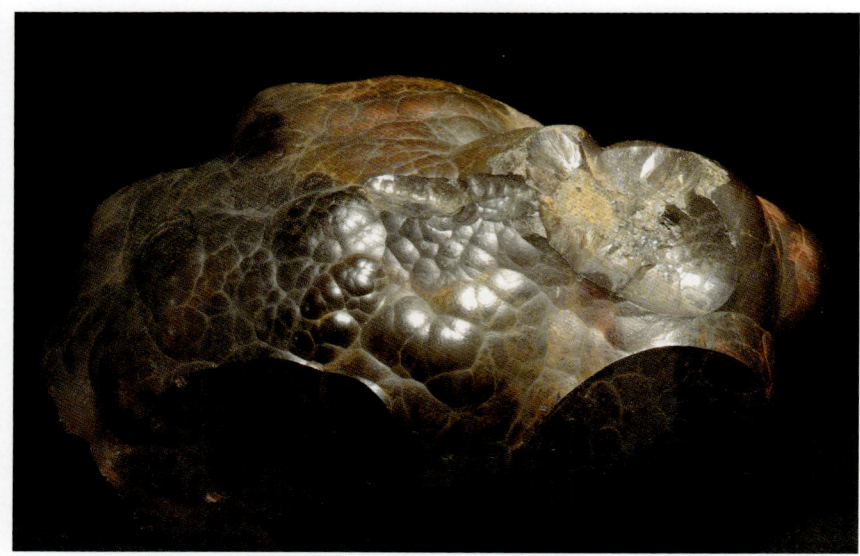

鉄の酸化物である赤鉄鉱は鉄鉱石の主体の鉱物で，広汎で豊富な鉄の資源として大規模に採掘されている．外観は，金属光沢に黒く輝くものから赤土状のものまで多様である．黒光りする標本でも，粉砕すると条痕色と同じ赤色になる．赤色顔料の弁柄（紅殻）は赤鉄鉱と同等物．赤色の発色が著しく，少量でも赤色に染める．

赤鉄鉱　Hematite　　　　　　　　　　　　　　　　　　　　　　0501
南アフリカ共和国　South Africa
化学式：Fe_2O_3　結晶系：三方晶系　色：鋼灰黒，赤褐　条痕色：赤～赤褐　光沢：金属，土状　劈開：なし　硬度：5-6　密度：5.3

金属光沢が著しく，板状に成長した赤鉄鉱を，特に鏡鉄鉱と呼ぶ（鉱物名ではない）．さらに薄い結晶片からなる赤鉄鉱には雲母鉄鉱の別称（これも鉱物名ではない）があるが，学術的に雲母の仲間に分類されるものではない．板状赤鉄鉱の花弁状集合体は「鉄の薔薇」とも呼ばれる．板状の結晶面には三角形の結晶の成長模様が見られることもある．

赤鉄鉱・石英（水晶）　Hematite, Quartz

0347

中華人民共和国新疆　China

化学式：Fe_2O_3　結晶系：三方晶系　色：鋼灰黒，赤褐　条痕色：赤～赤褐　光沢：金属，土状　劈開：なし　硬度：5-6　密度：5.3
化学式：SiO_2　結晶系：三方晶系　色：無，白，褐黒，紫，黄など　条痕色：白　光沢：ガラス　劈開：なし　硬度：7　密度：2.7

赤鉄鉱の板状晶が花弁状のように集まっているように見える部分もある．共生する石英との関連から，赤鉄鉱は石英とほぼ同時か石英にやや遅れて成長した結晶であることが判る．またこの標本は，石英の結晶が成長する条件下で板状の赤鉄鉱も成長することを示している．学名ヘマタイト（hematite）は，赤色の強い印象から，ギリシャ語の「血」に由来する．

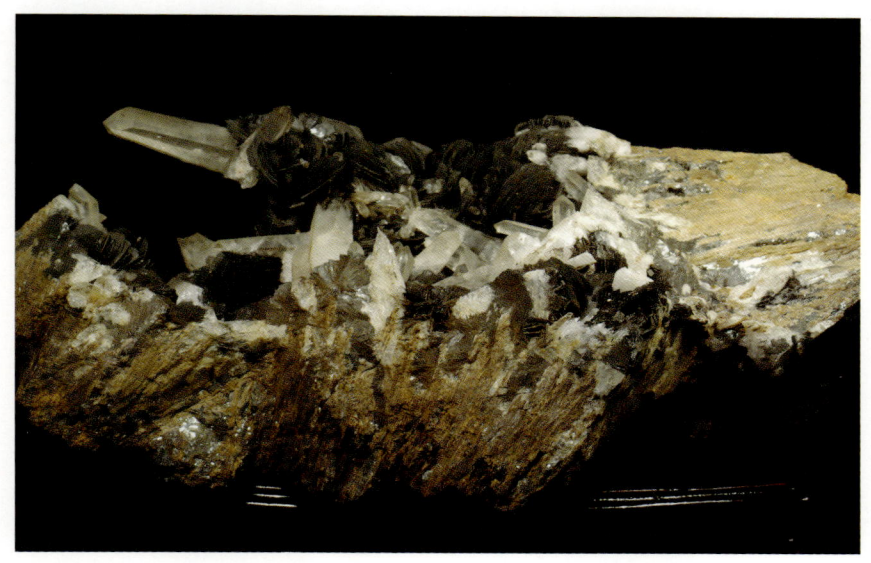

赤鉄鉱・石英（水晶）　Hematite, Quartz

0461

中華人民共和国　China

化学式：Fe_2O_3　結晶系：三方晶系　色：鋼灰黒，赤褐　条痕色：赤～赤褐　光沢：金属，土状　劈開：なし　硬度：5-6　密度：5.3
化学式：SiO_2　結晶系：三方晶系　色：無，白，褐黒，紫，黄など　条痕色：白　光沢：ガラス　劈開：なし　硬度：7　密度：2.7

土状の赤鉄鉱は，赤から赤褐色で，金属光沢を持たない．絵画用顔料の「レッドオーカー」は，赤鉄鉱を多く含む土から調製される．この標本では赤鉄鉱の板状晶がゆるく積層して風化雲母の蛭石のようにみえる．また共生する石英の表面や内部には粉体の赤鉄鉱によるものと見られる着色がある．赤鉄鉱は原子配列（結晶構造）による分類ではコランダムと同じ仲間になる．他に，鉄やアルミニウムに近い大きさの3価の陽イオンになるクロムとバナジウムの酸化物，エスコラ鉱とカレリアン鉱が赤鉄鉱族の鉱物として知られている．

磁鉄鉱　Magnetite

アゼルバイジャン　Dashkesan iron deposite, Minor Caucasus, Azerbaijan
化学式：$Fe^{2+}Fe_2^{3+}O_4$　結晶系：立方晶系　色：黒　条痕色：黒　光沢：金属〜亜金属　劈開：なし　硬度：5½-6　密度：5.2

磁鉄鉱は２価と３価の鉄を持ち合わせた酸化物で，ほとんどの岩石に含まれる．スピネル型の結晶構造を持つ，スピネル族鉱物の一員である．粒状結晶の集合体として産出することが多いが，八面体や十二面体の自形結晶も見られる．その名の通り強い磁性を持ち，川砂から磁石で磁鉄鉱を集めることができる．密度が高いので，砂金採りのパンニングにも残りやすい．漂砂鉱床の砂鉄の磁鉄鉱は，赤鉄鉱とならんで鉄の主要な鉱石鉱物である．

スピネル　Spinel

ミャンマー　Myanmar
化学式：$MgAl_2O_4$　結晶系：立方晶系　色：無，赤，緑，青など　条痕色：白　光沢：ガラス　劈開：なし　硬度：8　密度：3.6

マグネシウムとアルミニウムの酸化物．理想組成のスピネル（尖晶石）は無色だが，微量成分により様々な色を見せる．クロムを含むスピネルは鮮やかな紅色を呈し，時にルビーと間違えられる．単純な正八面体の結晶に加え，三角板状のスピネル双晶が特徴的である．スピネル型の結晶構造を持つ鉱物や化合物は多く知られているが，スピネルと呼んで良いのはマグネシウムとアルミニウムを主成分とするものだけである．尖晶石の名は，尖った結晶形態に因み，スピネルの語源もその結晶形態からラテン語の「トゲ」に由来する．

クロム鉄鉱 Chromite

鳥取県若松鉱山

化学式：$Fe^{2+}Cr_2O_4$　結晶系：立方晶系　色：黒, 黒褐　条痕色：黒褐　光沢：金属　劈開：なし　硬度：5½　密度：4.8

スピネル族鉱物の一員で、最も重要なクロムの鉱石鉱物．結晶形は明瞭ではなく、粒状や塊状で産することが多い．主成分の鉄の一部がマグネシウムで置き換えられていることも多く、マグネシウムによる置換が進むとクロム苦土鉱と鉱物名が変わる．条痕色がやや明るくなるが、鉄とマグネシウムの量（原子比）が拮抗するような場合は、正確な化学分析などを施さないと判別は難しい．

紅亜鉛鉱・珪亜鉛鉱・フランクリン鉄鉱・方解石 Zincite, Willemite, Franklinite, Calcite

アメリカ合衆国 Sterling Hill, New Jersey, U.S.A.

化学式：ZnO　結晶系：六方晶系　色：黄橙～深紅　条痕色：黄～橙　光沢：亜ダイヤモンド～樹脂　劈開：三方向に完全　硬度：4　密度：5.7
化学式：Zn_2SiO_4　結晶系：三方晶系　色：無, 白, 灰, 暗褐, 緑, 黄など　条痕色：白　光沢：ガラス～樹脂　劈開：不明瞭　硬度：5½　密度：4.2
化学式：$ZnFe^{3+}_2O_4$　結晶系：立方晶系　色：鋼黒, 褐, 赤　条痕色：赤褐～黒　光沢：金属～亜金属　劈開：なし　硬度：6　密度：5.2
化学式：$Ca(CO_3)$　結晶系：三方晶系　色：無, 白, 淡灰, 黄, 淡緑, 淡紅　条痕色：白　光沢：ガラス　劈開：三方向に完全　硬度：3　密度：2.7

紅亜鉛鉱は亜鉛の酸化物であるが、亜鉛の一部をマンガンが置換し、その名の通り赤色をしている．亜鉛のケイ酸塩である珪亜鉛鉱は紫外線照射により強い蛍光を発する．この産地の標本は、茶褐色の珪亜鉛鉱が黄緑色の、白色の方解石が赤色の蛍光を発することで知られている．黒色のフランクリン鉄鉱は亜鉛と鉄のスピネル族鉱物である．

針鉄鉱・石英　Goethite, Quartz

モロッコ　Ovartafate, Morocco
化学式：FeO(OH)　結晶系：斜方晶系　色：黄褐，暗茶褐　条痕色：黄褐　光沢：ダイヤモンド，金属，土状，絹糸　劈開：一方向に完全　硬度：5½　密度：4.3
化学式：SiO$_2$　結晶系：三方晶系　色：無，白，褐黒，紫，黄など　条痕色：白　光沢：ガラス　劈開：なし　硬度：7　密度：2.7

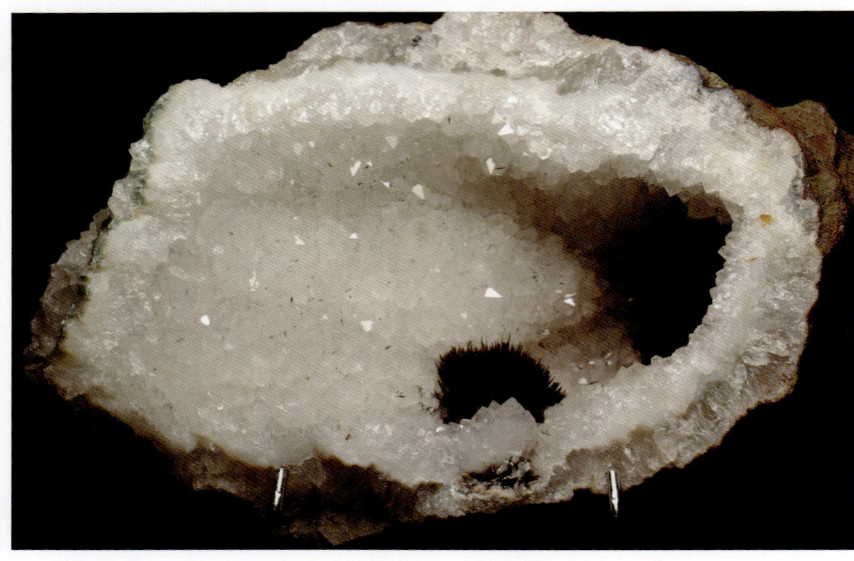

針鉄鉱は鉄の水酸化物であり酸化物である．風化土壌にも含まれ，褐鉄鉱と呼ばれる鉄の水和酸化物の多くは，針鉄鉱か非晶質の鉄の水酸化物・酸化物水和物である．成長した結晶は針状になるが，稀産である．学名は文豪ゲーテに因むため，ゲーテ鉱と呼ばれることもある．

金緑石（アレキサンドライト）　Chrysoberyl (Alexandrite)

ブラジル　Canaiba Gavion mine, Bahia, Brazil
化学式：BeAl$_2$O$_4$　結晶系：斜方晶系　色：黄，緑，緑褐　条痕色：白　光沢：ガラス　劈開：二方向に明瞭　硬度：8½　密度：3.7

クリソベリルとも呼ばれ，語源は黄金色（クリソ）の緑柱石（ベリル）であるが，ケイ酸塩鉱物の緑柱石とは全く別種の鉱物である．宝石質のものは，キャッツアイとアレキサンドライトである．アレキサンドライトは微量成分のクロムの働きで，太陽光の下では緑や青に，電灯で照らすと赤や赤紫と，光源に依って異なる色を呈する．金緑石は，双晶をなすことが多く，ハート型やソロバン玉型の結晶が特徴的である．

蛍石 Fluorite

0517

中華人民共和国湖南省　China
化学式：CaF₂　結晶系：立方晶系　色：無，灰，緑，青，紫，黄など　条痕色：白　光沢：ガラス　劈開：四方向に完全　硬度：4　密度：3.2

広汎に亘って多様に産出するカルシウムのフッ化物の鉱物．この単純な化学組成を持つ鉱物は蛍石が知られるのみで，合成物においても高圧相を除けば立方晶系の蛍石型構造を持つ CaF₂ が唯一の安定相である．中でも花崗岩ペグマタイト，熱水鉱脈，接触交代鉱床には蛍石の大きな塊が産し，時には晶洞（岩体の空隙）に，結晶面が明瞭に観察できる自形の美しい結晶が産する．純粋で完璧な結晶は無色透明であるが，微量成分や格子欠陥の影響で様々な色の結晶が産する．

蛍石 Fluorite

0474

モロッコ　Florine veit, Morocco
化学式：CaF₂　結晶系：立方晶系　色：無，灰，緑，青，紫，黄など　条痕色：白　光沢：ガラス　劈開：四方向に完全　硬度：4　密度：3.2

一般的な蛍石の結晶の形態は，立方体で，時には正八面体である．これらの組み合わせの形態をとることもあり，稀には他の結晶面を伴い，非常に多くの結晶面を持つことにより球に近い形態も知られる．八面体の結晶面と同じ方位に完全な劈開があり，大きな塊から劈開を利用して「八面体結晶」に割り出した結晶が鉱物市場によく出回っている．このため，蛍石の形態として正八面体を思い浮かべる人も多い．しかし，劈開面で構成される劈開片の形と，結晶成長により現れた結晶外形とは，区別して観察するべきである．

蛍石・重晶石・閃亜鉛鉱　Fluorite, Barite, Sphalerite　　0483
アメリカ合衆国　Carthage, Tennessee, U.S.A.
化学式：CaF_2　結晶系：立方晶系　色：無，灰，緑，青，紫，黄など　条痕色：白　光沢：ガラス　劈開：四方向に完全　硬度：4　密度：3.2
化学式：$BaSO_4$　結晶系：斜方晶系　色：無，白，黄，褐，淡紅，青　条痕色：白　光沢：ガラス　劈開：三方向に完全　硬度：3-3½　密度：4.5
化学式：ZnS　結晶系：立方晶系　色：黄，褐，黒　条痕色：黄から淡褐　光沢：樹脂，ダイヤモンド　劈開：六方向に完全　硬度：4　密度：4.1

蛍石の代表的な色に，濃い緑と紫が挙げられる．これらの主因は結晶の構造欠陥によるもので，強い光や熱により色褪せて，やがて消失することが多い．蛍石の結晶中ではしばしばカルシウムの一部を希土類元素が同形置換して構造欠陥に密接に関与している．また，濃い紫色の蛍石の多くは，周囲から受けた放射線によってできる構造欠陥と関連があると考えられている．構造欠陥を持つ蛍石は紫外線励起により鮮やかな蛍光を放つことがある．

蛍石　Fluorite　　0481
英国　Rogerlay mine, Frosterley, North Pennines, Durham, U.K.
化学式：CaF_2　結晶系：立方晶系　色：無，灰，緑，青，紫，黄など　条痕色：白　光沢：ガラス　劈開：四方向に完全　硬度：4　密度：3.2

鉱物の和名の中で，蛍石のように虫の名前がつけられている一般的な鉱物種は他には類を見ない．学名の fluorite は，もともとラテン語の fluere「流れる・融ける」，に由来すると言われている．英語の flow の古い使い方にも，「融ける」という意味があったようだ．さて，蛍石の融点は 1400℃ 程度で，決して低融点の化合物ではないが，製鉄の融剤として古くから利用されている．

蛍石 Fluorite

0484

ドイツ　Pohea, Germany

化学式：CaF_2　結晶系：立方晶系　色：無，灰，緑，青，紫，黄など　条痕色：白　光沢：ガラス　劈開：四方向に完全　硬度：4　密度：3.2

蛍石には紫外線の照射により発光するものがある．このような発光を鉱物名からfluorescenceと名付け，日本語では「蛍光」と訳された．しかし，蛍光は，熱ルミネセンスや燐光などとは区別されることが一般的で，初夏の風物詩であるホタルの光は，ルシフェリンという発光物質の化学反応によるもので，蛍光とは発光機構が異なる．そのため，fluorescenceの和訳を「蛍光」としたことは適切だったとは言えないかもしれない．

蛍石 Fluorite

0487

中華人民共和国湖南省来陽　China

化学式：CaF_2　結晶系：立方晶系　色：無，灰，緑，青，紫，黄など　条痕色：白　光沢：ガラス　劈開：四方向に完全　硬度：4　密度：3.2

蛍石の顕著な物性として，加熱や摩擦によって発光することがある（トリボルミネッセンス，熱ルミネッセンス）．熱した蛍石が暗闇で穏やかに光る様は，紫外線光源を手に入れるよりも前から人々の目に留まったであろう．従って，ホタルに似た光を持つ石を「蛍石」と呼び始めたと考えるのが理に適うようだ．蛍石の命名由来が熱ルミネッセンスであるならば，蛍光とは名前の起源が異なることとなり，蛍石は蛍光を発するから蛍石という鉱物名を得た，ということにはならない．

蛍石 Fluorite

0489

アメリカ合衆国　Cave in Rock, Illinois, U.S.A.
化学式：CaF_2　結晶系：立方晶系　色：無，灰，緑，青，紫，黄など　条痕色：白　光沢：ガラス　劈開：四方向に完全　硬度：4　密度：3.2

蛍石はフッ酸の原料として工業的に用いられている．また，セラミックスの原料としても利用される．しかし，蛍石の最大の工業的需要は，製鉄など金属の精錬における融剤（フラックス）にある．主要な蛍石の資源保有国として，中国，メキシコ，モンゴルが挙げられる．日本では，岐阜県平岩鉱山，笹洞鉱山，新潟県五十島鉱山，広島県三原鉱山などが稼働していたが，昭和40年代にすべて終掘している．

蛍石 Fluorite

0494

パキスタン　Nagar, Pakistan
化学式：CaF_2　結晶系：立方晶系　色：無，灰，緑，青，紫，黄など　条痕色：白　光沢：ガラス　劈開：四方向に完全　硬度：4　密度：3.2

立方晶系の蛍石はガラスなどと同じく複屈折を示さない．無色透明な蛍石の結晶は紫外線から赤外線にかけての波長領域で透過性に優れ，光学材料として適している．さらに，異常部分分散という特異的な光学特性を示す．蛍石の光学素子を組み込むことにより，波長による屈折率の変動が少ない，すなわち色収差の少ないレンズを構成することができる．高級カメラの交換レンズ，顕微鏡や望遠鏡のレンズに高純度人工蛍石が用いられてきたが，低分散性のガラス素材に取って換わられつつある．

岩塩 Halite

アメリカ合衆国　Great Salt Lake, Utah, U.S.A.
化学式：NaCl　結晶系：立方晶系　色：無，灰，黄，淡紅，青，紫など　条痕色：白　光沢：ガラス　劈開：三方向に完全　硬度：2-2½　密度：2.2

岩塩は塩化ナトリウムで，食塩と同じ成分，同じ結晶構造．海水の蒸発によってできた大きな鉱床をなすことが多い．無色のものも多いが，微量成分や格子欠陥により発色したものもある．内陸の国々では重要な資源．海水から食塩を得てきた日本では馴染みが薄かったが，岩塩を食用に輸入するようになって身近になっている．食塩と同等物質なので，湿気を避け，潮解しないようにする注意を要する．

岩塩 Halite

ポーランド　Poland
化学式：NaCl　結晶系：立方晶系　色：無，灰，黄，淡紅，青，紫など　条痕色：白　光沢：ガラス　劈開：三方向に完全　硬度：2-2½　密度：2.2

岩塩の結晶構造は，縦，横，奥行き方向に直交して，ナトリウムイオンと塩化物イオンがそれぞれ交互に格子状に配列したものである．このような原子配列の対称性は，立方晶系に分類される．立方晶系の鉱物の特徴的な結晶形は，6つの正方形で囲まれる正六面体（立方体）と8つの正三角形で囲まれる正八面体であるが，岩塩は前者の形態が典型的である．割れやすい方向（劈開）も結晶構造における化学結合の強さと配置に影響され，その結果，岩塩は割れてもサイコロ状になりやすい．

方解石　Calcite

メキシコ　San Sebastian mine, Charcas, San Luis Potosi, Mexico

化学式：Ca(CO$_3$)　結晶系：三方晶系　色：無，白，淡灰，黄，淡緑，淡紅　条痕色：白　光沢：ガラス　劈開：三方向に完全　硬度：3　密度：2.7

方解石は長石や石英に次いで普遍的な鉱物である．カルシウムの炭酸塩鉱物．化学組成は同じでも，結晶構造が異なる鉱物に霰石とファーテル石がある．方解石は三方向に割れやすい性質（劈開）があり，必ず平行四辺形で囲まれた形に割れる．互いの面は直交しない．自形結晶は，劈開片と同じ平行六面体の結晶になることもあるが，別の結晶形の方が一般的である．純粋な結晶は無色透明であるが，微量成分により様々に着色している．

方解石・閃亜鉛鉱　Calcite, Sphalerite

アメリカ合衆国　Elmwood mine, Tennessee, U.S.A.

化学式：Ca(CO$_3$)　結晶系：三方晶系　色：無，白，淡灰，黄，淡緑，淡紅　条痕色：白　光沢：ガラス　劈開：三方向に完全　硬度：3　密度：2.7
化学式：ZnS　結晶系：立方晶系　色：黄，褐，黒　条痕色：黄から淡褐　光沢：樹脂，ダイヤモンド　劈開：六方向に完全　硬度：4　密度：4.1

方解石の結晶形には，犬牙状，釘頭状，陣笠状の他，多様な結晶形や双晶の形があり，その多様性が最も広い鉱物とも言える．方解石の特徴には，複屈折が顕著なことも挙げられる．透明な結晶（または劈開片）を印刷物に接して透かして見ると，文字などが二重に見える．紙面上で結晶を回転すると，二重となった一方の画像は静止しているのに，結晶の回転につれてもう一方の画像は回る．これは，方解石の結晶中を通過する光が，どの方向でも一定の速度で通過する光と，通過する方向により速度が変動する光に分けられるためである．

方解石 Calcite

0353

メキシコ Potosi mine, Chihuahua, Mexico

化学式：$Ca(CO_3)$　結晶系：三方晶系　色：無, 白, 淡灰, 黄, 淡緑, 淡紅　条痕色：白　光沢：ガラス　劈開：三方向に完全　硬度：3　密度：2.7

石灰岩を構成する方解石の起源は，サンゴや貝などの生物に辿り着く．長い期間の生命活動に，長い期間の地質作用が加わり生成する方解石は，生命の星，地球に特徴的な鉱物でもある．石灰岩がマグマや火成岩の熱で再結晶化すると大理石になる．また，マグマが冷える過程で，含まれていた炭酸ガスがカルシウムと反応し火山岩の空隙に方解石として晶出することも多い．

方解石（芯に黄鉄鉱） Calcite with Pyrite

0350

中華人民共和国湖北省 China

化学式：$Ca(CO_3)$　結晶系：三方晶系　色：無, 白, 淡灰, 黄, 淡緑, 淡紅　条痕色：白　光沢：ガラス　劈開：三方向に完全　硬度：3　密度：2.7
化学式：FeS_2　結晶系：立方晶系　色：真鍮黄　条痕色：暗緑黒, 暗褐黒　光沢：金属　劈開：不明瞭　硬度：6　密度：5.0

この標本は方解石結晶の中心部に小さな黄鉄鉱があり，更に，黄鉄鉱の微細結晶が方解石の中央から3方向に筋状に付着している．化学組成の全く異なる方解石と黄鉄鉱が，一定の結晶方位関係をもって同時に成長した可能性を物語っていて面白い．方解石のような炭酸塩鉱物は，硫酸や塩酸などの強い酸に触れると，分解して二酸化炭素の気泡を発して溶ける．このような特徴により，炭酸塩鉱物であることを確かめることができるが，取扱の注意事項として，酸に弱いことは記憶に留めたい．

方解石 Calcite 0355
イタリア　Montalto di Castro, Lazio, Italy
化学式：Ca(CO$_3$)　結晶系：三方晶系　色：無, 白, 淡灰, 黄, 淡緑, 淡紅　条痕色：白　光沢：ガラス　劈開：三方向に完全　硬度：3　密度：2.7

建築や彫刻の石材に使われる大理石や，セメントの原料となる石灰岩は，方解石の集合体である．鍾乳石の主要な構成鉱物でもある．方解石の細かい結晶自体が微量成分により色を持つこともあるが，方解石の微細結晶の間の介在物の色で方解石の集合体が色づいて見えることもある．

方解石（コバルト含有） Calcite (Co-bearing) 0362
アメリカ合衆国　California, U.S.A.
化学式：Ca(CO$_3$)　結晶系：三方晶系　色：無, 白, 淡灰, 黄, 淡緑, 淡紅　条痕色：白　光沢：ガラス　劈開：三方向に完全　硬度：3　密度：2.7

カルシウムと同じ2価で，大きさもさほど変わらない，マンガン，鉄，コバルト，ニッケルなどの陽イオンは，方解石と同様の結晶構造の炭酸塩の結晶をなす．またこれらの陽イオンは，カルシウムの一部を置き換えて方解石の微量成分となり，方解石の結晶を着色することがある．コバルトを含む方解石は鮮やかなピンクの結晶である．マンガンを微量に含む方解石には，通常光の下では白色でも，紫外線照射により薄紅色に発光するものがある．方解石は，微量のストロンチウムにより青，鉄により橙と，様々な色を帯びてくる．

菱ニッケル鉱 Gaspéite

オーストラリア W.A., Australia

化学式：$Ni(CO_3)$　結晶系：三方晶系　色：淡緑　条痕色：黄緑　光沢：ガラス　劈開：三方向に良好　硬度：4½-5　密度：3.7

菱ニッケル鉱は方解石のニッケル置換体であるが，方解石と異なり普遍的な鉱物ではなく，むしろ稀産である．ニッケルの硫化物が変質してできた二次鉱物で，ニッケルイオンによる明るい緑色が特徴である．

菱マンガン鉱 Rhodochrosite

アメリカ合衆国 U.S.A.

化学式：$Mn(CO_3)$　結晶系：三方晶系　色：淡紅，赤，白　条痕色：白　光沢：ガラス，真珠　劈開：三方向に完全　硬度：3½-4　密度：3.7

菱マンガン鉱は方解石のマンガン置換体に当たり，マンガンイオンにより紅色系に発色することが多く，時に鮮やかな濃い紅となる．白や灰色で産することもあり，その場合，方解石との判別が難しい．方解石と同様に酸に対して弱く，硬度も高くはないが，大粒で透明なローズピンクの結晶は宝石に加工される．結晶の集合体が濃淡の紅色の縞模様を織りなすものは装飾品にも使われる．中南米での産出が有名で，インカローズの別称がある．マンガンの重要な鉱石鉱物でもある．

菱鉄鉱　Siderite

ペルー　San Genaro mine, Peru

化学式：$Fe(CO_3)$　結晶系：三方晶系　色：黄褐，白　条痕色：白　光沢：ガラス，絹糸〜真珠　劈開：三方向に完全　硬度：4　密度：3.9

菱鉄鉱は鉄の炭酸塩で，同じ結晶構造を持つ方解石の仲間である．方解石と同じ菱形の結晶を成すこともあるが，細かい結晶がぶどう状に集合したものや，繊維状の結晶が皮殻状に集合したものもある．2価の鉄イオンとしては珍しく暖色系の褐色を示すことが多い．学名はギリシャ語の「鉄」から命名．

菱亜鉛鉱　Smithsonite

メキシコ　Chihuahua, Mexico

化学式：$Zn(CO_3)$　結晶系：三方晶系　色：白，淡灰，淡褐，淡緑，黄など　条痕色：白　光沢：ガラス，真珠　劈開：三方向にほぼ完全　硬度：4-4½　密度：4.4

菱亜鉛鉱は亜鉛の炭酸塩で，方解石の仲間に分類されるが，やや特異的な性質を示す．祖粒の結晶では菱形の結晶面を観察できるが，劈開は完全とまでは言えない程度に留まる．微細な結晶がぶどう状や皮殻状の集合体を形成することも多い．亜鉛の一部を置換する微量成分の種類によって色合いが異なり，銅が入ると青緑系の色を示す．薄緑のぶどう状集合体はケイ酸塩のぶどう石にもよく似て紛らわしい．

菱亜鉛鉱 Smithsonite 0307

ナミビア Tsumeb, Namibia

化学式：$Zn(CO_3)$　結晶系：三方晶系　色：白，淡灰，淡褐，淡緑，黄など　条痕色：白　光沢：ガラス，真珠　劈開：三方向にほぼ完全　硬度：4-4½　密度：4.4

菱亜鉛鉱に微量のカドミウムが入ると黄色を示す．菱亜鉛鉱の特徴は，方解石属鉱物の中で，密度が高いことである．しかし，強い酸で分解し，二酸化炭素の泡を発して溶けることは共通しており，この方法でぶどう石と見分けることも可能である．亜鉛鉱床上部の酸化帯で見つかることも多く，亜鉛の鉱石鉱物としても採掘されている．

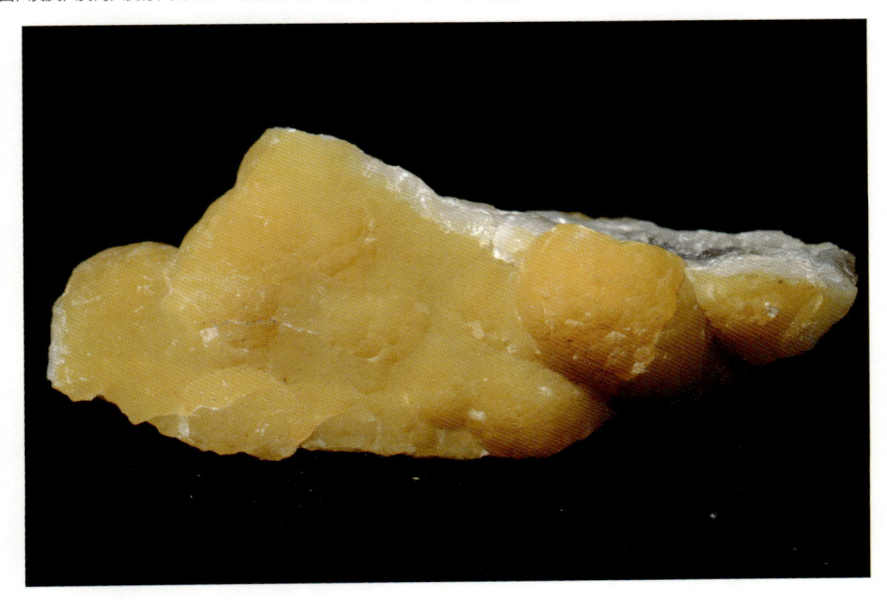

霰石 Aragonite 0435

島根県松代鉱山

化学式：$Ca(CO_3)$　結晶系：斜方晶系　色：無，白，灰，黄，淡紅，青，紫など　条痕色：白　光沢：ガラス　劈開：一方向に完全　硬度：3½-4　密度：2.9

霰石は方解石と同じ化学組成の炭酸カルシウムであるが，結晶構造が異なり，またその産出も方解石ほど多くはない．扁平な柱状晶を成すことが多いが，3つの結晶が双晶（三連双晶）して六角柱状晶のように見える場合もある．松代鉱山の標本は，粘土中に産する擬六角柱状の双晶が球状に集合した例として有名である．蛇紋岩や玄武岩などの岩石の空隙に針状の透明結晶が多数放射状に成長していることもある．

霰石 Aragonite 0359
メキシコ Mexico
化学式：Ca(CO$_3$)　結晶系：斜方晶系　色：無，白，灰，黄，淡紅，青，紫など　条痕色：白　光沢：ガラス　劈開：一方向に完全　硬度：3½-4　密度：2.9

霰石は，細かい結晶が集合体を形成することも多く，和名の由来のような霰のような球状や，山珊瑚と言われるようにサンゴ状に連なったものもある．鍾乳石は一般的には方解石だが，鍾乳洞の中にサンゴのような霰石の結晶集合体が見られることもある．生物，特に二枚貝の貝殻は霰石に相当する炭酸カルシウムでできていることが多い．

霰石・自然硫黄 Aragonite, Native Sulfur 0027
イタリア Giumentaro mine, Sicily, Italy
化学式：Ca(CO$_3$)　結晶系：斜方晶系　色：無，白，灰，黄，淡紅，青，紫など　条痕色：白　光沢：ガラス　劈開：一方向に完全　硬度：3½-4　密度：2.9
化学式：S　結晶系：斜方晶系　色：黄，灰，橙　条痕色：白　光沢：樹脂～油脂　劈開：不完全　硬度：1½-2½　密度：2.1

霰石と方解石を比較すると，霰石の方が若干密度は高い．霰石は高圧でより安定な高圧相であり，常圧では方解石の方がより安定である．常圧下で分解しない程度で霰石を加熱すると方解石に変化（相転移）する．常圧でも霰石が安定して生成する場合もある．低圧で生成した霰石に微量のストロンチウムが検出されることがある．

苦灰石　Dolomite　0206
新潟県東蒲原郡阿賀町三川鉱山
化学式：$CaMg(CO_3)_2$　結晶系：三方晶系　色：白, 灰, 黄, 緑, 褐　条痕色：白　光沢：ガラス, 真珠　劈開：三方向に完全　硬度：3½-4　密度：2.9

苦灰石は陽イオンとしてマグネシウムとカルシウムが半々の炭酸塩である．和名はマグネシウムを表す苦土の苦とカルシウムを表す灰から命名．学名のカタカナ読みでドロマイトと呼ばれることも多い．純粋な結晶は無色か白色だが，鉄やマンガンなどが微量成分として入ると様々な色になる．菱形の結晶形が典型であるが，馬の鞍のような形に結晶が集合体を成すこともある．石灰岩の方解石がマグネシウムに富む海水や地下水と反応してできたと考えられている．

藍銅鉱　Azurite　0243
ロシア　South Ural, Russia
化学式：$Cu_3(CO_3)_2(OH)_2$　結晶系：単斜晶系　色：藍青　条痕色：青　光沢：ガラス, 土状　劈開：一方向に完全　硬度：3½-4　密度：3.8

藍銅鉱は深い青色の炭酸水酸化銅で，同じ炭酸水酸化銅でも化学組成比率が違い緑色の孔雀石を伴って銅鉱床の酸化帯などに産出することが多い．大きな結晶は珍しく，細かい結晶が集合体を作ることが普通である．青色の顔料として使われるが，空気中の水分や二酸化炭素と反応して緑色の孔雀石に変質してしまうこともある．炭酸塩なので，酸に弱く，強酸には発泡して溶ける．

孔雀石 Malachite

中華人民共和国江西省九江市 China

化学式：$Cu_2CO_3(OH)_2$　結晶系：単斜晶系　色：緑　条痕色：淡緑　光沢：ダイヤモンド，絹糸，土状　劈開：一方向に完全　硬度：3½–4　密度：4.0

孔雀石は炭酸水酸化銅であるが，藍銅鉱とは化学組成比率が異なる．銅の二次鉱物としては最も普遍的．繊維状の微細結晶が層状に重なり，ブドウ状など球曲面の集合体をなし，肉眼で観察できるような自形結晶に成長することは極めて稀である．伝統的な緑色の顔料．結晶の粗さ細かさが緑の濃淡に現れ，集合体の断面や研磨面の縞模様が孔雀の羽を連想させる．学名はギリシャ語のゼニアオイという植物の色に因む．銅の重要な鉱石鉱物の1種．強酸に発泡して溶ける．

亜鉛孔雀石（ローザ石） Rosasite

メキシコ Chihuahua, Mexico

化学式：$CuZnCO_3(OH)_2$　結晶系：単斜晶系　色：緑，青　条痕色：淡緑　光沢：ダイヤモンド，絹糸　劈開：二方向に完全　硬度：4½　密度：4.2

亜鉛孔雀石は銅と亜鉛が半々の炭酸塩水酸化物で，亜鉛孔雀石族を代表する鉱物．孔雀石も亜鉛孔雀石族の一員である．銅・亜鉛鉱床の酸化帯に稀産の二次鉱物として生成する．初生の銅鉱物の表面に亜鉛を含む溶液が作用する反応機構が典型的．様々な炭酸塩鉱物を伴うことが多い．亜鉛孔雀石は緑ないし青緑の針状晶で，放射状の集合体を成す．

水亜鉛銅鉱　Aurichalcite

アメリカ合衆国　Southwest mine, Bisbee, Arizona, U.S.A.

化学式：$Zn_5(CO_3)_2(OH)_6$　結晶系：単斜晶系(擬斜方晶系)　色：緑青〜天青　条痕色：白〜淡緑青　光沢：絹糸〜真珠　劈開：一方向に完全　硬度：1-2　密度：3.9

水亜鉛銅鉱は炭酸水酸化亜鉛であるが，銅を少量含むことが多く，青緑色をした針状晶の放射状集合体として産する．銅の含有が少ないと白色に近い水色に見え，銅の含有が増えるに従い濃い緑になる．亜鉛や銅の鉱床の酸化帯に二次鉱物として生成する．外観が亜鉛孔雀石によく似ているが，水亜鉛銅鉱はより密度が低く，また硬度は極端に低い．

曹灰硼石　Ulexite

アメリカ合衆国　California, U.S.A.

化学式：$NaCaB_5O_6(OH)_6 \cdot 5H_2O$　結晶系：三斜晶系　色：無, 白　条痕色：白　光沢：ガラス, 絹糸　劈開：一方向に完全　硬度：2½　密度：1.96

ナトリウムとカルシウムのホウ酸塩水酸化物水和物．和名の曹はナトリウム，灰はカルシウム，硼はホウ素を表す．透明な繊維状の結晶が束を成し平行に整列しているのが特徴的な産状．これを繊維に垂直な両面で平滑に磨くと，グラスファイバー現象により，一方の研磨面に反対側の研磨面に接した紙面の画像が写り込む．その様子がブラウン管上の映像を想わせ，「テレビ石」の愛称がある．

灰硼石（コールマン石） Colemanite

トルコ　Kutahya, Turkey

化学式：$CaB_3O_4(OH)_3 \cdot H_2O$　結晶系：単斜晶系　色：無，乳白，淡黄　条痕色：白　光沢：ガラス～ダイヤモンド　劈開：一方向に完全　硬度：4½　密度：2.42

灰硼石はカルシウム（灰）のホウ（硼）酸塩水酸化物水和物である．温暖な気候の，ナトリウムや炭酸イオンの少ないアルカリ性の湖水が干上がってできる，ホウ酸塩鉱床の一般的な鉱物．トルコの灰硼石の鉱床は大規模な鉱山で，硫酸との反応によりホウ酸が生産される．無色ないしは白色の短柱状晶あるいはその球状集合体として産する．

石膏 Gypsum

メキシコ　Cave of Swords, Naica, Chihuahua, Mexico

化学式：$CaSO_4 \cdot 2H_2O$　結晶系：単斜晶系　色：無，白，灰，淡紅など　条痕色：白　光沢：ガラス，真珠　劈開：一方向に完全　硬度：2　密度：2.3

石膏はカルシウムの硫酸塩水和物で，非常に広く産する鉱物．モース硬度では2の指標となっている．爪で傷が付くほど軟らかい．見た目には鋭利な尖端を持つ板状あるいは柱状の結晶形で，カッターナイフの刃に似た形状が特徴的．平行四辺形を背中合わせにした矢羽根型(燕尾型)双晶もしばしば産する．柱状晶に加え，繊維状，粒状などがある．透明な結晶を，特に透石膏と呼ぶ．

石膏 Gypsum 0429
オーストラリア Coober Pedy, Australia
化学式：$CaSO_4 \cdot 2H_2O$　結晶系：単斜晶系　色：無，白，灰，淡紅など　条痕色：白　光沢：ガラス，真珠　劈開：一方向に完全　硬度：2　密度：2.3

霜柱状に成長した繊維状結晶の平行連晶．繊維石膏の別称がある．きめ細かい結晶の粒状集合体は雪花石膏（アラバスター）と呼ばれる．エジプトやギリシャでは，方解石（カルシウムの炭酸塩）と同様に瓶や燭台などの装飾品に加工されアラバストロンと呼ばれた．純粋な石膏は無色か白色であるが，鉄などの微量成分により淡い紅色や黄色に着色することもある．

石膏 Gypsum 1001
アメリカ合衆国 Box Elder, Utah, U.S.A.
化学式：$CaSO_4 \cdot 2H_2O$　結晶系：単斜晶系　色：無，白，灰，淡紅など　条痕色：白　光沢：ガラス，真珠　劈開：一方向に完全　硬度：2　密度：2.3

石膏は温水で溶解度が高まり，硫酸カルシウムの飽和溶液から時間をかけて大きな結晶が成長する．メキシコのチワワ州ナイカでは，長さ10mを超え，抱えきれないほど太い巨大な透石膏が群生する洞窟が発見され，話題を呼んだ．石膏を焼くと水分子を失いながら焼石膏（バッサーニ石に相当）から無水石膏（硬石膏に相当）に変化する．焼石膏を水に混ぜると石膏に戻り固まるので，医療，芸術，建築などで使われる．学名はギリシャ語の漆喰に由来．

石膏（砂漠の薔薇） Gypsum

0430

メキシコ　Mexico

化学式：$CaSO_4 \cdot 2H_2O$　　結晶系：単斜晶系　　色：無，白，灰，淡紅など　　条痕色：白　　光沢：ガラス，真珠　　劈開：一方向に完全　　硬度：2　　密度：2.3

砂漠の砂中に生成した石膏で，薔薇の花びら一つ一つが石膏の結晶である．乾燥地帯である砂漠の地下にも地下水が流れており，それが地表に現れると砂漠のオアシスになる．その地下水の水位の上下に伴い，地下水に溶け込んでいた化学成分が濃集，析出して鉱物を生成する．地下水の成分により，石膏の他に，方解石（炭酸カルシウム）や重晶石（硫酸バリウム）などが生成する．

石膏（砂漠の薔薇） Gypsum

0214

ロシア　South Ural, Russia

化学式：$CaSO_4 \cdot 2H_2O$　　結晶系：単斜晶系　　色：無，白，灰，淡紅など　　条痕色：白　　光沢：ガラス，真珠　　劈開：一方向に完全　　硬度：2　　密度：2.3

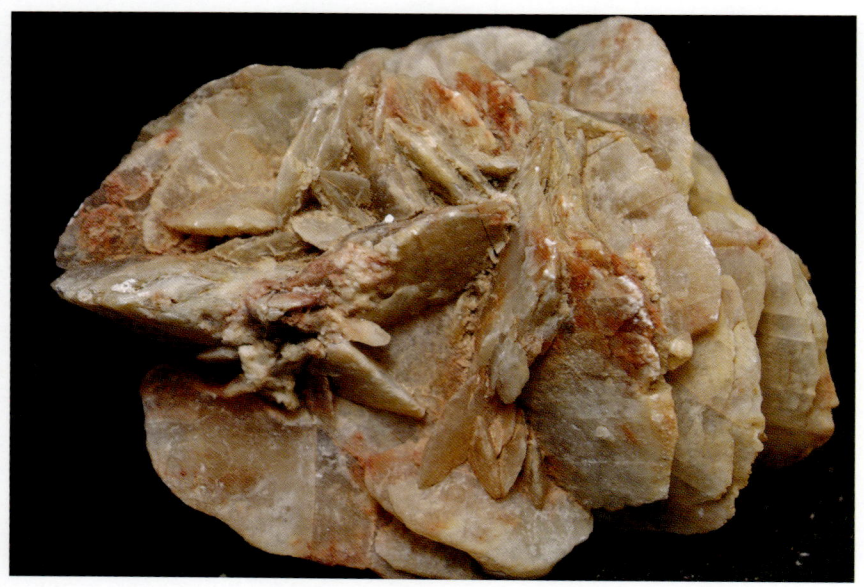

このロシア南ウラル産の標本は，金属鉱床の調査中に地表面で採集されたものである．当地は砂漠ではないが，地下に硫黄を多く含む硫化物鉱床があり，地下水に溶け込んだ硫酸塩イオンと土壌中のカルシウムとが結びついて析出した大変珍しい産状である．

硬石膏　Anhydrite

福島県耶麻郡加納鉱山

化学式：$CaSO_4$　結晶系：斜方晶系　色：無，白，淡青，淡紫，淡褐など　条痕色：白　光沢：ガラス　劈開：三方向に完全　硬度：3½　密度：3.0

硬石膏は無水の硫酸カルシウムで，学名は水分子を持たないことを意味する．また，和名のごとく，水和物の石膏よりも硬い．焼石膏（バッサーニ石に相当）から石膏への加水反応ほど激しくはないが，硬石膏が長時間に亘り，水（水蒸気）に触れると水和して石膏に変質することがある．塊状の集合体で産し，明瞭な結晶形が見られることは稀．劈開による直方体の劈開片が特徴的．

天青石　Celestine

マダガスカル　Madagascar

化学式：$SrSO_4$　結晶系：斜方晶系　色：無，淡青，白，淡緑，淡紅など　条痕色：白　光沢：ガラス　劈開：一方向に完全　硬度：3-3½　密度：4.0

天青石は無水の硫酸ストロンチウムで，硬石膏とは結晶構造が異なり，重晶石（無水硫酸バリウム）と同じ構造を持つ．僅かに青みがかった透明な厚板状ないし柱状晶が特徴である．石膏中に，繊維状の結晶が束になり脈状に産することも多い．ストロンチウムとカルシウムがイオン半径の違いにより異なる結晶に分別されて晶出した結果である．

重晶石 Barite

英国　Cumberland, U.K.

化学式：$BaSO_4$　結晶系：斜方晶系　色：無，白，黄，褐，淡紅，青　条痕色：白　光沢：ガラス　劈開：三方向に完全　硬度：3-3½　密度：4.5

硫酸バリウムの重晶石は最も一般的なバリウム鉱物である．透明な質感とはうらはらに密度の高い，その名の通り重い結晶．学名もギリシャ語の「重い」に由来する．胃のレントゲン検査で飲む造影剤のバリウムは合成の硫酸バリウムである．硫酸バリウムは化学的安定性が高く，酸にも溶けないので毒性が無い．白色顔料にも使われる．重晶石の結晶形は，四角厚板状が多く，柱状や繊維状も見られる．

重晶石 Barite

ドイツ　Germany

化学式：$BaSO_4$　結晶系：斜方晶系　色：無，白，黄，褐，淡紅，青　条痕色：白　光沢：ガラス　劈開：三方向に完全　硬度：3-3½　密度：4.5

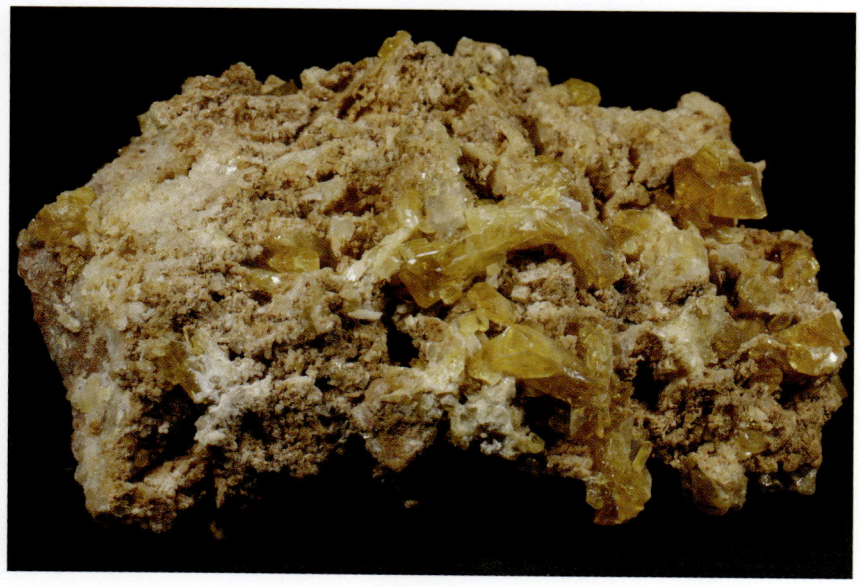

重晶石の結晶は基本的に無色あるいは白色である．重晶石は天青石（硫酸ストロンチウム）や硫酸鉛鉱（硫酸鉛）と同じ結晶構造を持ち，重晶石のバリウムの一部がストロンチウムや鉛で置き換えられていることもしばしばある．バリウムを置換する微量成分により若干着色する場合もある．自形結晶として産出する他，温泉沈殿物として微細結晶の集合体をなすことも多い．秋田県玉川温泉の温泉沈殿物は台湾の北投温泉の沈殿物と同様，少量の鉛を含み，また放射能を有し，「北投石」の別称がある．

重晶石（砂漠の薔薇） Barite

アメリカ合衆国　U.S.A.
化学式：$BaSO_4$　結晶系：斜方晶系　色：無，白，黄，褐，淡紅，青　条痕色：白　光沢：ガラス　劈開：三方向に完全　硬度：3-3½　密度：4.5

重晶石の板状晶は石膏のように花弁状に集合することがあり，「砂漠の薔薇」と呼ばれる．石膏の薔薇と同様に，砂漠の地下水に溶け込んだイオンが，溶解と析出を繰り返した末に形成される．崖になった砂の堆積層断面の，かつて地下水の通った地層に沿って，線上に並んで産することもある．花弁の褐色は重晶石の色ではなく，表面に付着した砂漠の砂の色で，花弁の断面では，無色透明あるいは白色の重晶石が見える．

アントラー鉱 Antlerite

チリ　Chuquicamata, Chile
化学式：$Cu_3^{2+}SO_4(OH)_4$　結晶系：斜方晶系　色：深緑，淡緑　条痕色：淡緑　光沢：ガラス　劈開：一方向に完全　硬度：3½　密度：3.9

アントラー鉱は銅の硫酸塩水酸化物である．銅鉱物特有の緑色を示し，板状，短柱状の自形結晶，あるいは繊維状，粉状結晶の集合体を成す．色合いはブロシャン銅鉱に似る．銅鉱床の酸化帯の強い酸性条件下で生成する．

胆礬 Chalcanthite

アメリカ合衆国　Utah, U.S.A.

化学式：$CuSO_4 \cdot 5H_2O$　結晶系：三斜晶系　色：青　条痕色：白　光沢：ガラス〜樹脂　劈開：なし　硬度：2½　密度：2.3

胆礬は硫酸銅の水和物で，鮮やかな青が特徴的である．黄銅鉱など銅の硫化物が分解して生成する．水溶性であるため，採集できる場所に限りがある．潮解性があるので保管に注意を要する．大粒の自形結晶（菱形厚板状）は稀産であるが，合成の結晶は比較的入手しやすく，また硫酸銅の飽和水溶液から自作することも可能．

紅鉛鉱 Crocoite

オーストラリア　Dundas, Tasmania, Australia

化学式：$PbCrO_4$　結晶系：単斜晶系　色：赤〜橙　条痕色：黄橙　光沢：ダイヤモンド　劈開：一方向に明瞭　硬度：2½-3　密度：6.1

紅鉛鉱は鉛のクロム酸塩．クロムは4つの酸素に四面体配位され酸素酸の陰イオンを形成する．また，この紅鉛鉱からクロムが元素として単離，発見されている．独特の深みのある朱色の結晶で，学名はギリシャ語のサフランに因む．ほぼ四角柱状から針状の結晶形を示し，伸長方向に筋（条線）を示す．放射状あるいは不規則方向の集合体を成すこともある．鉛鉱床の酸化帯に二次鉱物として生成する．

水鉛鉛鉱　Wulfenite　　　　0113
アメリカ合衆国　Glove mine, Arizona, U.S.A.
化学式：$PbMoO_4$　結晶系：正方晶系　色：黄〜橙　条痕色：白　光沢：樹脂，亜ダイヤモンド〜ダイヤモンド　劈開：四方向に明瞭　硬度：3　密度：7.5

水鉛鉛鉱は鉛のモリブデン酸塩．モリブデンは水鉛とも呼ばれ，4つの酸素に四面体配位され酸素酸の陰イオンを形成する．鉛とモリブデンの鉱床の酸化帯に二次鉱物として産する．高い密度と屈折率が特徴．見た目と違い，硬度は低く脆い．

水鉛鉛鉱　Wulfenite　　　　0410
メキシコ　Los Lamentos mine, Chibvahws, Mexico
化学式：$PbMoO_4$　結晶系：正方晶系　色：黄〜橙　条痕色：白　光沢：樹脂，亜ダイヤモンド〜ダイヤモンド　劈開：四方向に明瞭　硬度：3　密度：7.5

純粋な水鉛鉛鉱は無色であるが，モリブデンの一部をクロムが置き換えていることが多く，黄，黄褐色から橙の結晶を成す．板状晶や短柱状の結晶形を示し，細かい結晶の集合体を形成することもある．クロムがモリブデンを凌ぐと，紅鉛鉱に分類される．水鉛鉛鉱は紅鉛鉱のモリブデン置換体に相当し，両鉱物は同じ結晶構造を持つ．

灰重石 Scheelite　　　　　　　　　　　　　　　　　　　　　　　　　　　　　　　0123
山口県岩国市喜和田鉱山
化学式：$CaWO_4$　結晶系：正方晶系　色：無, 白, 黄, 黄褐　条痕色：白　光沢：ガラス～ダイヤモンド　劈開：四方向に明瞭　硬度：4½-5　密度：6.1

灰重石はカルシウムのタングステン酸塩である．タングステンは4つの酸素に四面体配位され酸素酸の陰イオンを形成する．学名は灰重石を研究し，タンクステンを単離・発見したスウェーデンの化学者，シェーレに因む．和名の灰はカルシウムを，重石はタングステン酸塩鉱物を表す．重晶石のように，重がバリウムの重土を表すこともあるので紛らわしい．

灰重石 Scheelite　　　　　　　　　　　　　　　　　　　　　　　　　　　　　　　0400
中華人民共和国四川省平武県　China
化学式：$CaWO_4$　結晶系：正方晶系　色：無, 白, 黄, 黄褐　条痕色：白　光沢：ガラス～ダイヤモンド　劈開：四方向に明瞭　硬度：4½-5　密度：6.1

灰重石は四角両錐または正方複錐（縦にやや伸びた八面体）の結晶形が多いが，粒状や塊状に集合体を成すことも多い．微量成分の影響が無い無色や白色の灰重石は，石英との見分けが難しい．密度の差で判別できることもあるが，灰重石は紫外線照射により強烈に青白い蛍光を発するので，蛍光を確かめて石英と判別が着く．

鉄重石 Ferberite

0504

ポルトガル　Panasqueira, Portugal

化学式：$(Fe,Mn)WO_4$　結晶系：単斜晶系　色：黒　条痕色：黒〜黒褐　光沢：亜金属〜ダイヤモンド　劈開：一方向に完全　硬度：4-4½　密度：7.4

鉄のタングステン酸塩（重石）である鉄重石はタングステンの鉱石鉱物である．黒い板状の自形結晶と高い密度が特徴．四角両錐の灰重石とは異なる形状であるが，灰重石がその形状を残したままカルシウムを鉄に置換されて鉄重石になることがある．このような灰重石の仮晶の鉄重石にはライン鉱という別称がある．鉄とマンガンが任意の割合で置き換えられる．マンガンが多い場合はマンガン重石に分類される．

マンガン重石 Hübnerite

0488

中華人民共和国湖南省瑶崗仙　China

化学式：$(Mn,Fe)WO_4$　結晶系：単斜晶系　色：黄褐〜赤褐　条痕色：黄〜赤褐　光沢：金属〜ダイヤモンド　劈開：一方向に完全　硬度：4-4½　密度：7.2

マンガンのタングステン酸塩であるマンガン重石は，鉄重石と同じ結晶構造を持ち，鉄重石のマンガン置換体に相当する．マンガンと鉄が任意の割合で置き換えられ，これらの含有比率を正確に測らないと，鉄重石とマンガン重石の区別ができない．両鉱物をまとめて鉄マンガン重石と呼ぶことがある．マンガンの含有量が多くなると透明感が増し，赤褐色が際立つので判別の指標になる．

フッ素燐灰石・曹長石　Fluorapatite on Albite

ブラジル　Araçuaí, Minas Gerais, Brazil

化学式：$Ca_5(PO_4)_3F$　結晶系：六方晶系　色：無，白，灰，黄，緑など　条痕色：白　光沢：ガラス　劈開：なし　硬度：5　密度：3.2
化学式：$NaAlSi_3O_8$　結晶系：三斜晶系　色：無，白，淡灰，淡黄，淡青など　条痕色：白　光沢：ガラス　劈開：二方向に完全　硬度：6　密度：2.6

燐灰石はリン酸カルシウムの鉱物族名．主成分にフッ化物イオンを含むフッ素燐灰石が最も一般的な鉱物である．リン鉱石の主体鉱物．この他，水酸化物イオン，塩化物イオンを主成分とする水酸燐灰石，塩素燐灰石がある．歯や骨を構成する水酸化リン酸カルシウムは水酸燐灰石に相当し，アパタイトの名称の方がなじみ深いかもしれない．

フッ素燐灰石　Fluorapatite

カナダ　Bedford, Ontario, Canada

化学式：$Ca_5(PO_4)_3F$　結晶系：六方晶系　色：無，白，灰，黄，緑など　条痕色：白　光沢：ガラス　劈開：なし　硬度：5　密度：3.2

フッ素燐灰石はモース硬度5の指標鉱物である．フッ素燐灰石と塩素燐灰石の結晶形は六角柱状ないし六角板状が特徴的．また細かい結晶が粒状，塊状，ぶどう状の集合体をなすこともある．水酸燐灰石は堆積岩に生体起源の粉体微粒子として見つかることが多い．

フッ素燐灰石　Fluorapatite　　　　　　　　　　　　　　　　　　　　0464

メキシコ　Durango, Mexico
化学式：$Ca_5(PO_4)_3F$　結晶系：六方晶系　色：無，白，灰，黄，緑など　条痕色：白　光沢：ガラス　劈開：なし　硬度：5　密度：3.2

微量成分などの影響で様々な色の結晶が産し，時に鮮やかな色を呈する．学名はギリシャ語の「惑わす」に由来し，燐灰石の外見が緑柱石と紛らわしいことに因む．和名は化学組成を表している．燐灰石と同じ結晶構造を持つ鉱物は多く，リン酸塩に限らずヒ酸塩（ミメット鉱など）やバナジン酸塩（褐鉛鉱）に加え，リン酸イオンの一部が炭酸イオンで置き換えられた燐灰石も知られている．

褐鉛鉱　Vanadinite　　　　　　　　　　　　　　　　　　　　0414

モロッコ　Mibladen, Morocco
化学式：$Pb_5(VO_4)_3Cl$　結晶系：六方晶系　色：暗赤，赤褐，黄褐　条痕色：白から淡赤　光沢：亜樹脂～亜ダイヤモンド　劈開：なし　硬度：2½-3　密度：6.9

褐鉛鉱は燐灰石超族の一員の鉛の塩化物バナジン酸塩で，その和名のとおり赤褐色や黄褐色，または鮮やかな橙赤色の結晶が特徴的である．鉛は微量のカルシウム，亜鉛，銅などに，バナジウムは相当量のリンやヒ素で置換されていることがある．六角板状のほか六角柱状，針状などの結晶を成す．塩酸に溶け，緑色の溶液と塩化鉛の沈殿に分解する．

ミメット鉱　Mimetite

メキシコ　San Pedro Corralitos, Chihuahua, Mexico
化学式：$Pb_5(AsO_4)_3Cl$　結晶系：六方晶系　色：黄, 黄褐　条痕色：白　光沢：樹脂〜亜ダイヤモンド　劈開：なし　硬度：3½–4　密度：7.3

鉛の塩化物ヒ酸塩であるミメット鉱は燐灰石超族の一員で，学名は緑鉛鉱（鉛の塩化物リン酸塩）と似ていることからギリシャ語の偽造者に由来する．鮮やかな黄色の結晶に因んで黄鉛鉱と呼ばれたこともあったが，鉛のモリブデン酸塩も黄鉛鉱と呼ばれるので，ミメット鉱と水鉛鉛鉱に区別されている．六角柱状ないしは針状の結晶を成し，ヒ素がリンやバナジウムで置換され，緑鉛鉱や褐鉛鉱の組成に近づいたものもある．

銀星石　Wavellite

アメリカ合衆国　Magnet Cove, Arkansas, U.S.A.
化学式：$Al_3(PO_4)_2(OH)_3·5H_2O$　結晶系：斜方晶系　色：無, 白, 黄緑, 褐など　条痕色：白　光沢：ガラス, 真珠　劈開：二方向に完全　硬度：3½–4　密度：2.4

アルミニウムの水酸化物リン酸塩で，結晶水を含む水和物である．地質温度としては比較的低温でできたアルミニウムに富む変成岩，変質岩，熱水鉱脈中に産することが多い．

銀星石 Wavellite

0480

アメリカ合衆国 Montgomery, Arkansas, U.S.A.

化学式：$Al_3(PO_4)_2(OH)_3 \cdot 5H_2O$　結晶系：斜方晶系　色：無、白、黄緑、褐など　条痕色：白　光沢：ガラス、真珠　劈開：二方向に完全　硬度：3½–4　密度：2.4

和名は放射状に集合した無色の針状から繊維状の結晶の様子とその光沢に由来．国内では無色（白色）の場合が多いが、様々な色で産する．学名は発見したイギリスの医師、ウェーベルに因む．

ブラジル石 Brazilianite

0638

ブラジル Minas Gerais, Brazil

化学式：$NaAl_3(PO_4)_2(OH)_4$　結晶系：単斜晶系　色：黄緑、黄　条痕色：白　光沢：ガラス　劈開：一方向に良好　硬度：5½　密度：3.0

ブラジルで発見されたアルミニウムとナトリウムの水酸化物リン酸塩．リンに富む地帯の花崗岩ペグマタイトの晶洞に、淡黄から淡緑色の結晶として産する．変成した堆積物中に見つかることもある．

ツヤムン石　Tyuyamunite　　0632
アメリカ合衆国　New Mexico, U.S.A.
化学式：$Ca(UO_2)_2(VO_4)_2 \cdot 5\text{-}8H_2O$　結晶系：斜方晶系　色：黄　条痕色：黄　光沢：ダイヤモンド　劈開：一方向に完全　硬度：2　密度：3.6

カルシウムとウラニルのバナジン酸塩で結晶水を持つ水和物．針状や板状と結晶形は多様．細かい板状晶が扇状に重なる，あるいは薄膜状の集合体でも産する．ウラン化合物に多い鮮やかな黄色を示す．カルシウムをカリウムで置き換えた鉱物はカルノー石である．鉱物名は原記載（タイプ）産地，キルギスの銅・バナジウム・ウラン鉱山に因む．

石英（水晶）　Quartz　　0343
中華人民共和国ヒマラヤ　China
化学式：SiO_2　結晶系：三方晶系　色：無，白，褐黒，紫，黄など　条痕色：白　光沢：ガラス　劈開：なし　硬度：7　密度：2.7

水晶の鉱物名は石英である．石英が何も邪魔されない自由な空間（液体や気体で満たされた空間）で成長すると，自形の結晶となる．その透明な美しい形から，氷の化石と考えられ水精と呼ばれたのが水晶の語源である．石英は地球上の様々な岩石を構成し，長石に次いで最も広範囲に産する鉱物である．二酸化ケイ素の鉱物には，三方晶系の石英の他に，正方晶系のクリストバル石（方珪石）や三斜晶系の鱗珪石などがある．

石英（水晶） Quartz

0526

産地不詳

化学式：SiO$_2$　結晶系：三方晶系　色：無，白，褐黒，紫，黄など　条痕色：白　光沢：ガラス　劈開：なし　硬度：7　密度：2.7

石英の結晶構造は，1つのケイ素原子を4つの酸素原子で囲んだケイ酸四面体が，頂点の酸素原子を共有して螺旋状につながって構成されている．石英の結晶構造には，化学結合の特に弱い方位が無いため，特定の割れやすい方向（劈開）も無い．破断面はガラスのように不規則な曲面になることが特徴である．

石英（水晶） Quartz

0547

アメリカ合衆国　Wyoming, U.S.A.

化学式：SiO$_2$　結晶系：三方晶系　色：無，白，褐黒，紫，黄など　条痕色：白　光沢：ガラス　劈開：なし　硬度：7　密度：2.7

水晶の典型的な結晶形は六角柱の頭頂部に六角錐を合わせたもので，柱状に成長が著しいものは鉛筆のような形に見える．水晶の形は六角柱状とは限らない．板状に成長することもある．複数の結晶が，異なる方位でありながら，化学結合の連続的な規則性を保つように接して成長することがある．これを双晶（結晶の双子）と呼ぶ．水晶にも双晶が見られ，特定の角度（約85度）で双晶したものには日本式双晶の名前があり，2つの板状晶がハート型（軍配型）になった形状で知られている．

57

石英（水晶） Quartz

0548

アメリカ合衆国　Wyoming, U.S.A.
化学式：SiO_2　結晶系：三方晶系　色：無，白，褐黒，紫，黄など　条痕色：白　光沢：ガラス　劈開：なし　硬度：7　密度：2.7

石英は三方晶系の鉱物である．そのため，水晶の結晶頭頂部の六角錐の面は，2種類の面が交互に120度ごとに繰り返される3回軸の対称性を示す．石英の結晶構造では，ケイ酸四面体の螺旋構造に右巻きと左巻きが存在する．それぞれ，水晶の結晶外形に現れることがあり，右水晶，左水晶と区別される．右水晶と左水晶との双晶はブラジル双晶と呼ばれ，右水晶同士あるいは左水晶同士の双晶はドフィーネ双晶と呼ばれる．

石英（ハーキマー水晶） Quartz

0721

アメリカ合衆国　Herkimer, New York, U.S.A.
化学式：SiO_2　結晶系：三方晶系　色：無，白，褐黒，紫，黄など　条痕色：白　光沢：ガラス　劈開：なし　硬度：7　密度：2.7

ニューヨーク州ハーキマーでは，苦灰岩の空隙中に，端正な両錐短柱状結晶の石英が産出する．この水晶は非常に透明度が高く，結晶面の光沢が強いため，ハーキマーダイヤモンド，ハーキマー水晶と呼ばれる．空隙には水晶の他に，真っ黒なタール状物質が充填されていることもあり，水晶の中にも黒い包有物（インクルージョン）が含まれることがある．

石英（煙水晶） Quartz

0803

広島県呉市若葉町

化学式：SiO_2　結晶系：三方晶系　色：無，白，褐黒，紫，黄など　条痕色：白　光沢：ガラス　劈開：なし　硬度：7　密度：2.7

無色透明な結晶が思い浮かぶ水晶ではあるが，実際には様々な色をしたものがある．黒色を帯びた水晶にも，真っ黒で不透明な黒水晶や，やや透明な煙水晶がある．黒色の発色の原因は，放射線による原子配列の乱れ（格子欠陥）で，微量に含まれるアルミニウムは，この格子欠陥発生の引き金となる重要な役割を果たす．黒水晶や煙水晶をゆっくりと充分に加熱し，格子欠陥を除いてから，緩やかに冷却すると無色透明の水晶に変えることもできる．

石英（煙水晶） Quartz

0804

広島県呉市若葉町

化学式：SiO_2　結晶系：三方晶系　色：無，白，褐黒，紫，黄など　条痕色：白　光沢：ガラス　劈開：なし　硬度：7　密度：2.7

ごく稀に，水晶の頭頂部に，柱状部分より大きく発達した結晶が成長し，キノコに似た形を示す水晶がある．このようなものは，セプタークォーツ，和名ではその形の通り松茸水晶あるいはキノコ形水晶と呼ばれる．この標本の形状は，松茸水晶ではないが，煙具合の配色がキノコを想わせる．

石英（煙水晶） Quartz (Smoky Quartz) 0544
ブラジル　Minas Gerais, Brazil
化学式：SiO_2　結晶系：三方晶系　色：無，白，褐黒，紫，黄など　条痕色：白　光沢：ガラス　劈開：なし　硬度：7　密度：2.7

無色透明の水晶にも，微量のアルミニウムが含まれており，そこに放射線が作用すると黒色に色付く．そこで，透明な水晶にガンマー線を照射して，人工的に黒色に着色した標本も出回っている．水晶（石英）には，圧力をかけると，その圧力変化に応じて電気を起こし，また，電圧をかけると結晶が伸縮する性質（圧電効果）がある．また，硬度が高いだけでなく，剛性も優れ表面波を伝えやすい．このような性質は，高純度の人工水晶が発振子や表面波フィルターといった電子部品として時計や携帯電話に，日々の暮らしの中で活かされている．

石英（煙水晶） Quartz (Smoky Quartz) 0096
ブラジル　Minas Gerais, Brazil
化学式：SiO_2　結晶系：三方晶系　色：無，白，褐黒，紫，黄など　条痕色：白　光沢：ガラス　劈開：なし　硬度：7　密度：2.7

石英の主成分はケイ素と酸素である．ケイ素はシリコンとも呼ばれ，その純粋な単体の単結晶は半導体製造の根幹となる素材である．石英は光通信に活躍するファイバーの主原料でもある．石英はガラスと性質が似ている部分が多く，結晶形が判らないように加工されると判別が難しい．しかし，石英には複屈折があり，見る方向により透過した画像が二重に見える方向があるため，複屈折を示さないガラスとは判別できる．また，石英の方がガラスよりも若干熱伝導に優れる．

石英（紫水晶） Quartz (Amethyst) 0549
メキシコ Mexico
化学式：SiO_2　結晶系：三方晶系　色：無，白，褐黒，紫，黄など　条痕色：白　光沢：ガラス　劈開：なし　硬度：7　密度：2.7

紫水晶（アメシスト）は石英の中でも最もなじみのある宝石．その昔，紫水晶の粉末が悪酔いしない妙薬と信じられていたため，「酒に酔わない」というギリシャ語がアメシストの語源となる．

石英（紫水晶） Quartz (Amethyst) 0072
メキシコ Mexico
化学式：SiO_2　結晶系：三方晶系　色：無，白，褐黒，紫，黄など　条痕色：白　光沢：ガラス　劈開：なし　硬度：7　密度：2.7

紫水晶は，微量成分として含まれる鉄により原子配列の規則性に狂い（格子欠陥）が生じ，そこに自然由来の放射線が作用することで，電子が特定の波長の光を吸収するようになり，紫色に発色する．このため，加熱により熱振動を与え電子の状態を安定化してしまうと，紫色の発色が消え，微量の鉄に由来する黄色に変化する．加熱処理した黄色の水晶がシトリンとして市場にも出ている．加熱しなくとも，長時間直射日光などにあてると紫色が退色する．

石英（黄水晶） Quartz (Citrine) 0523

ブラジル Korinto point, Brazil
化学式：SiO_2　結晶系：三方晶系　色：無，白，褐黒，紫，黄など　条痕色：白　光沢：ガラス　劈開：なし　硬度：7　密度：2.7

黄水晶（シトリン）は，トパーズの代替品として使われており，本来のトパーズを，インペリアルトパーズと区別して呼ぶこともある．黄色の発色の主因は微量成分の鉄である．煙水晶や紫水晶に比べ，産出はかなり稀．紫水晶を加熱して作った人工シトリンはオレンジ～褐色の濃い色をしたものが多いが，天然の黄水晶はレモン色の淡い色が多い．

石英 Quartz (Rose Quartz) 0239

ブラジル Minas Gerais, Brazil
化学式：SiO_2　結晶系：三方晶系　色：無，白，褐黒，紫，黄など　条痕色：白　光沢：ガラス　劈開：なし　硬度：7　密度：2.7

美しいピンク色の水晶（ローズクォーツ）は，アクセサリーに使われる．半透明のものが多いが，透明な結晶も稀に産出する．水晶の発色には，大きく分けて2通りの要因がある．一つは，発色因子を備える元素がケイ素の極一部を置換する石英結晶格子内の要因で，もう一つは，細かい有色鉱物（原子レベルでは巨大）が包有物として混ざる石英結晶格子外の要因である．ローズクォーツの発色は多様で一つの要因では説明できない．

石英（鉄石英） Quartz 0050
カザフスタン　Mangyshlak Peninsula, Kaspisches Meer, Kazakhstan
化学式：SiO_2　結晶系：三方晶系　色：無，白，褐黒，紫，黄など　条痕色：白　光沢：ガラス　劈開：なし　硬度：7　密度：2.7

一旦成長が止まった水晶が再び成長を始め，結晶内部に成長の途切れた痕跡として，水晶がいくつも入れ子になっているものがあり，これが山入水晶（ファントムクォーツあるいは，ゴーストクォーツ）である．入れ子の結晶の表面に鉄の酸化物が析出し，それを取り込んで水晶が再び成長を繰り返すと，赤色から茶色の色の帯状の模様を持ち，鉄石英と呼ばれることがある．酸化鉄の代わりに緑泥石を取り込んで緑色の石英となることもある．

石英（虎目石） Quartz (Tiger's Eye) 0052
オーストラリア　Hamersley Range, W.A., Australia
化学式：SiO_2　結晶系：三方晶系　色：無，白，褐黒，紫，黄など　条痕色：白　光沢：ガラス　劈開：なし　硬度：7　密度：2.7

石英が，リーベック閃石などの繊維状集合体を置き換えたもので，リーベック閃石の一部は鉄の酸化物などに変質し全体を黄褐色に染め，時に一部は原鉱物のまま暗青色に残って，その具合が不均一になることで，縞模様が見られる．繊維状のリーベック閃石は，クロシドライトの別名を持つ青石綿であり，繊維状のリーベック閃石が含まれる標本は，切断や粉砕時に石綿が飛散しないように注意を払わなければならない．

石英（虎目石） Quartz (Tiger's Eye) 0446

産地不詳

化学式：SiO_2　結晶系：三方晶系　色：無, 白, 褐黒, 紫, 黄など　条痕色：白　光沢：ガラス　劈開：なし　硬度：7　密度：2.7

石英や鉄の酸化物の繊維状集合体は，繊維が平行に揃った束となっており，それに沿った断面や研磨面では光の干渉による変彩効果が現れる．明暗の黄褐色と併せて，宝飾品として広く用いられ，虎の眼に準えて虎目石と呼ばれる．

石英（水入り瑪瑙） Quartz (Agate) 0533

ブラジル　Brazil

化学式：SiO_2　結晶系：三方晶系　色：無, 白, 褐黒, 紫, 黄など　条痕色：白　光沢：ガラス　劈開：なし　硬度：7　密度：2.7

石英の微粒子の集合体である玉髄の中でも，縞模様の発達しているものを瑪瑙と呼ぶ．石英の微粒子の隙間に，有色の鉱物の微粒子が介在すると玉髄も色を持つ．石英以外の介在物が多く含まれる不透明なものは碧玉と言う．不透明で暗色から黒色の玉髄は成因や形状に依り，チャートあるいはフリントと呼ばれる．緑色の美しいものはクリソプレースの名で知られる．

石英（瑪瑙） Quartz (Agate)

オーストラリア　Australia

化学式：SiO_2　結晶系：三方晶系　色：無，白，褐黒，紫，黄など　条痕色：白　光沢：ガラス　劈開：なし　硬度：7　密度：2.7

瑪瑙の縞模様の色調やその濃淡は，石英の微粒子の間に介在する有色鉱物の種類や粒子の細かさ，そして量に依る．帯状（時に同心円状）に，石英や介在物の存在形態が変動することにより，縞模様も多様になる．人工的に染料を使って，縞模様をより鮮やかにする加工も行われている．

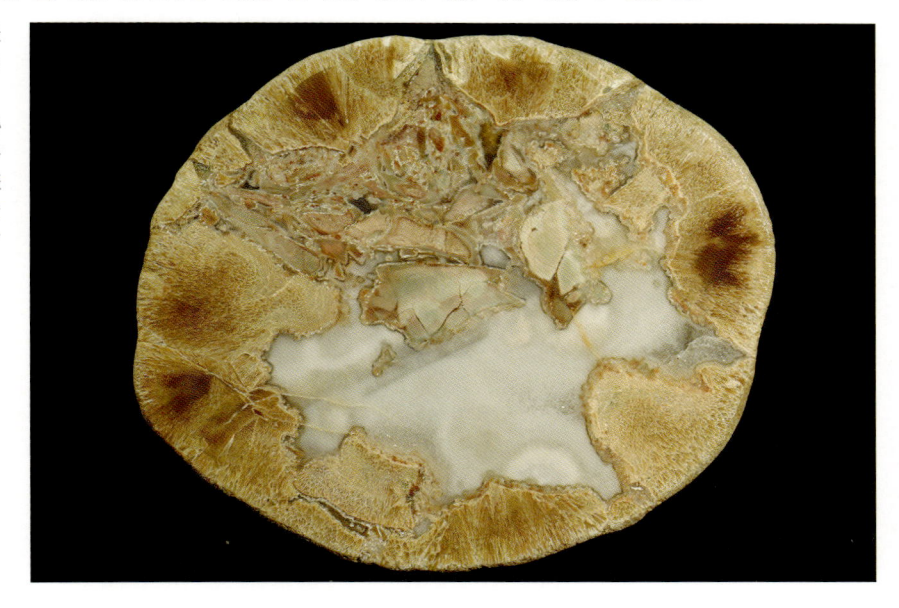

オパル（蛋白石） Opal

オーストラリア　Andamooka, Australia

化学式：$SiO_2 \cdot nH_2O$　結晶系：非晶質　色：無，乳白など，ときに干渉色有　条痕色：白　光沢：ガラス　劈開：なし　硬度：6　密度：2.1

一般には，オパールと呼ばれることが多い．二酸化ケイ素の水和物であるオパルは単結晶で産出することはなく，目に見えない球状粒子の集合体である．水分子と化学結合を保った水和状態が安定で，乾燥により水分を失うと，その美しい遊色を失ってしまう．原子配列に規則性が無い非晶質が基本であるが，クリストバル石（方珪石）や鱗珪石の構造を持つものが混ざる場合もある．

オパル（蛋白石） Opal　　0201
福島県耶麻郡西会津町宝坂
化学式：$SiO_2 \cdot nH_2O$　　結晶系：非晶質　　色：無，乳白など，ときに干渉色有　　条痕色：白　　光沢：ガラス　　劈開：なし　　硬度：6　　密度：2.1

オパルは基本的に自己の色を持たない．和名，蛋白石の名のように，少しだけ火のとおった卵白のような，水で薄めた牛乳のような乳白色の半透明が一般的で，時に内部に淡い干渉色が見られることもある．オパルは堆積岩中の他，火山岩やペグマタイトの隙間に，また，温泉沈殿物として産する．福島県宝坂は火山岩中の隙間に産するもので，国内では数少ない宝石質のオパルの産地として知られる．

オパル（蛋白石） Opal　　0314
メキシコ　Mexico
化学式：$SiO_2 \cdot nH_2O$　　結晶系：非晶質　　色：無，乳白など，ときに干渉色有　　条痕色：白　　光沢：ガラス　　劈開：なし　　硬度：6　　密度：2.1

メキシコには赤いオパルが産し，ファイアー・オパルの名で有名．このオパルも火山岩の隙間にできることが特徴である．オパルの内部に見え隠れする虹色の遊色は，オパル内部での光の干渉によるものである．遊色を持つためには，光の波長と同程度の大きさのシリカ（酸化ケイ素）の球が規則的に並んでいる必要がある．このような大きさの揃った球が規則的に集まったのは，球の生成，沈殿，安定化という地質作用が組み合わされる奇跡的とも言えるほどの事象があったことに他ならない．

オパル（蛋白石）Opal

メキシコ　Mexico

化学式：$SiO_2 \cdot nH_2O$　結晶系：非晶質　色：無，乳白など，ときに干渉色有　条痕色：白　光沢：ガラス　劈開：なし　硬度：6　密度：2.1

かすかに遊色の見えるオパルは，一見シリカゲルのようでもある．遊色の有無，強弱はオパルの外観を大きく変える．玉滴石は温泉沈殿物の球状非晶質シリカで，宝石質オパルを構成するシリカ球よりもずっと大きく，球体を肉眼で見ることができる．それは乾燥剤のシリカゲルによく似ている．

オパル（蛋白石）Opal

オーストラリア　Garman mine, Quilpie, Queensland, Australia

化学式：$SiO_2 \cdot nH_2O$　結晶系：非晶質　色：無，乳白など，ときに干渉色有　条痕色：白　光沢：ガラス　劈開：なし　硬度：6　密度：2.1

オパルは古くからある名称で，サンスクリット語の「価値の高い石」を語源とする．これがラテン語に訳され，今日のオパルの名前の元になっている．オパルを構成するシリカ球の大きさにより，強調される遊色の色調が異なる．シリカ球がやや小さいと波長の短い紫が，大きいと波長の長い赤色が強調される．大きいシリカ球が揃う確率が低いため，赤色の色調のオパルは比較的珍しい．

苦土橄欖石　Forsterite

アメリカ合衆国　Navajo Indian Reservation, San Carlos, Arizona, U.S.A.

化学式：Mg_2SiO_4　結晶系：斜方晶系　色：黄緑〜淡黄，無　条痕色：白　光沢：ガラス　劈開：なし　硬度：7　密度：3.3

火成岩に一般的に含まれるマグネシウムのケイ酸塩．重合しないで孤立したケイ酸イオンが陽イオンにより結ばれた結晶構造を特徴とするネソケイ酸塩．マグネシウムは鉄，時にマンガンと任意の割合で置換される．鉄が卓越したものは鉄橄欖石．陽イオンの区別無く，まとめて橄欖石（オリビン）と呼ぶ．宝石質の結晶はペリドットとして加工される．オリビンは結晶のオリーブ緑に由来するが，和名はオリーブを別種の橄欖と取り違えた誤訳の結果．学名はイギリスの鉱物収集家に因む．

鉄礬石榴石　Almandine

インド　India

化学式：$Fe_3^{2+}Al_2(SiO_4)_3$　結晶系：立方晶系　色：濃赤，赤褐，赤紫など　条痕色：白　光沢：ガラス　劈開：なし　硬度：7　密度：4.3

石榴石はカルシウム，鉄，アルミニウムなどのネソケイ酸塩で，石榴石型と呼ばれる同じ結晶構造を持つ２０余りの鉱物種の総称である．結晶形は，十二面体（十二の菱形面で囲まれる）と二十四面体（二十四のやや歪んだ四角形で囲まれる）の珠状が典型的．宝石として数千年の歴史があり，ガーネットの名が通っている．この超族の鉱物の和名には特例があり，最初に陽イオンを漢字で表し，石榴石と結ぶのが基本．

鉄礬石榴石　Almandine

福島県石川郡石川町
化学式：$Fe_3^{2+}Al_2(SiO_4)_3$　結晶系：立方晶系　色：濃赤、赤褐、赤紫など　条痕色：白　光沢：ガラス　劈開：なし　硬度：7　密度：4.3

鉄とアルミニウム（礬）を主成分とする石榴石．鉄はマグネシウムやマンガンにより任意の比率で置換され，これらの元素が微量あるいは副成分として含まれることが多い．鉄の代わりにマグネシウムあるいはマンガンが主成分になった石榴石はそれぞれ苦礬石榴石，満礬石榴石に分類される．この系列の組成をもつ石榴石は，パイラルスパイトとも呼ばれ，石榴石超族の2つの系列のうちの1つを成す．

鉄礬石榴石　Almandine

オーストリア　Ötz Valley, Tyrol, Austria
化学式：$Fe_3^{2+}Al_2(SiO_4)_3$　結晶系：立方晶系　色：濃赤、赤褐、赤紫など　条痕色：白　光沢：ガラス　劈開：なし　硬度：7　密度：4.3

鉄礬石榴石は変成岩や花崗岩ペグマタイトによく見られる．鮮やかな赤色から暗赤色を中心に，微量成分の種類と含有量により，黒色，赤褐色，赤紫などに変化する．モース硬度は7と特段硬い鉱物ではないが，細粒の結晶は，紙やすりなどの研磨剤として利用される．

灰礬石榴石　Grossular

カナダ　Canada　　　　　　　　　　　　　　　　　　　　　　　　　　　　　　　　　　0783
化学式：$Ca_3Al_2(SiO_4)_3$　結晶系：立方晶系　色：淡褐，黄金，淡紅，黄など　条痕色：白　光沢：ガラス　劈開：なし　硬度：7　密度：3.6

カルシウム（灰）とアルミニウム（礬）を主成分とする石榴石．アルミニウムは鉄やクロムにより任意の比率で置換され，これらの元素が微量あるいは副成分として含まれることが多い．アルミニウムに代わり鉄あるいはクロムが主成分になった石榴石は，それぞれ灰鉄石榴石，灰クロム石榴石に分類される．この系列の組成をもつ石榴石はウグランダイトとも呼ばれ，石榴石超族の2つの系列のうちの1つを成す．

灰礬石榴石　Grossular

メキシコ　Sierra de la Cruz, Coahuila, Mexico　　　　　　　　　　　　　　　　　　0573
化学式：$Ca_3Al_2(SiO_4)_3$　結晶系：立方晶系　色：淡褐，黄金，淡紅，黄など　条痕色：白　光沢：ガラス　劈開：なし　硬度：7　密度：3.6

主成分であるカルシウム，アルミニウム，ケイ素，酸素以外の微量成分をほとんど含まない結晶には色が無いか淡い色しか示されない．微量成分が増えるに従い，緑や赤などの色が鮮やかにそして濃くなってゆく．灰礬石榴石はスカルン（石灰岩などにマグマが作用してできる変成岩）によく見られ，カルシウム源は石灰岩の方解石など，アルミニウムとケイ素は主にマグマから供給される．

灰鉄石榴石　Andradite

0003

アゼルバイジャン　Dashkesan iron deposit, Minor Caucasus, Azerbaijan

化学式：$Ca_3Fe^{3+}_2(SiO_4)_3$　結晶系：立方晶系　色：黄，緑，褐，赤褐，黒など　条痕色：白　光沢：ガラス〜ダイヤモンド　劈開：なし　硬度：7　密度：3.9

灰礬石榴石のアルミニウムが鉄で置き換えられた化学組成の石榴石．灰礬石榴石と同様にスカルン（石灰岩などにマグマが作用してできる変成岩）によく見られ，カルシウム源は石灰岩の方解石など，鉄とケイ素は主にマグマから供給される．鉄を主成分として含むので濃い色の結晶が多いが，色と形だけで灰礬石榴石と区別するのは難しい．光の干渉で虹色に煌めくレインボーガーネットとなる結晶もある．

灰クロム石榴石　Uvarovite

0393

ロシア　Urals, Russia

化学式：$Ca_3Cr_2(SiO_4)_3$　結晶系：立方晶系　色：深緑〜暗緑　条痕色：白　光沢：ガラス　劈開：なし　硬度：7　密度：3.8

灰礬石榴石のアルミニウムがクロムで置き換えられた化学組成の石榴石．クロム鉄鉱やクロム苦土鉱を含む蛇紋岩化した超苦鉄質岩によく見られる．鮮やかな緑の結晶が特徴である．大粒の結晶は多くないが，主に十二面体の結晶形をとる．

ジルコン Zircon

0462

スリランカ　Sri Lanka
化学式：$ZrSiO_4$　結晶系：正方晶系　色：褐，黄，緑，青　条痕色：白　光沢：ダイヤモンド　劈開：不明瞭　硬度：7½　密度：4.7

ジルコニウムのケイ酸塩鉱物．風信子石ともいう．様々な岩石に薄く広く含まれる．ジルコニウムの一部をハフニウムが置換していることも少なくない．微量成分として含まれる放射性のウランやトリウムの崩壊を利用して，結晶化してからの年代を測定することができるため，ジルコンを含む岩石の地質年代の推定に役立つ．両錐型の結晶形が典型．宝石質の赤い結晶にはヒヤシンス（風信子）という別称がある．

藍晶石 Kyanite

0476

ブラジル　Barra de Salinas, Minas Gerais, Brazil
化学式：Al_2OSiO_4　結晶系：三斜晶系　色：青〜青緑，淡灰　条痕色：白　光沢：ガラス　劈開：一方向に完全，一方向に良好　硬度：5½-7　密度：3.7

アルミニウムのケイ酸塩．青みのある板状晶ないし柱状晶．方位により硬度が異なるため二硬石の別称がある．化学組成は紅柱石や珪線石と同じながら結晶構造が異なり，互いに同質異像(多形)の関係にある．温度や圧力に依って晶出する鉱物が決まるので，産出種が地質の温度や圧力の指標となる．藍晶石は高圧・低温条件下で晶出する．

藍晶石・十字石 Kyanite, Staurolite

スイス Sponda Alp, Ticino, Switzerland

化学式：Al_2OSiO_4　結晶系：三斜晶系　色：青〜青緑，淡灰　条痕色：白　光沢：ガラス　劈開：一方向に完全，一方向に良好　硬度：5½-7　密度：3.7
化学式：$Fe_2^{2+}Al_9Si_4O_{23}(OH)$　結晶系：単斜晶系　色：褐から赤褐　条痕色：白〜灰　光沢：ガラス　劈開：一方向に明瞭　硬度：7-7½　密度：3.7

藍晶石は微量成分として，鉄やクロムを含む．これらの多少により青色が濃くなったりほとんど無色になったりする．十字石は，アルミニウムに加え鉄も主成分のケイ酸塩鉱物である．柱状晶がしばしば双晶をなし，その十字型，Ｘ型の形状から鉱物名が与えられた．学名はギリシャ語の十字に由来．

十字石 Staurolite

フランス Normandie, France

化学式：$Fe_2^{2+}Al_9Si_4O_{23}(OH)$　結晶系：単斜晶系　色：褐から赤褐　条痕色：白〜灰　光沢：ガラス　劈開：一方向に明瞭　硬度：7-7½　密度：3.7

十字石は，泥質の堆積岩が変成した結晶片岩などに産する．褐色から赤褐色のやや扁平な断面の六角柱状晶を成す．十字型やＸ型の双晶は特徴的である．

黄玉・石英・白雲母　Topaz, Quartz, Muscovite　　　　0553
パキスタン　Pakistan
化学式：$Al_2SiO_4F_2$　結晶系：斜方晶系　色：無〜黄，淡紅，淡青など　条痕色：白　光沢：ガラス　劈開：一方向に完全　硬度：8　密度：3.6
化学式：SiO_2　結晶系：三方晶系　色：無，白，褐黒，紫，黄など　条痕色：白　光沢：ガラス　劈開：なし　硬度：7　密度：2.7
化学式：$KAl_2(Si_3Al)O_{10}(OH)_2$　結晶系：単斜晶系　色：無，白，淡緑，淡黄など　条痕色：白　光沢：ガラス，真珠　劈開：一方向に完全　硬度：2½-4　密度：2.8

トパーズの名でも知られる黄玉は，アルミニウムのケイ酸塩フッ化物である．フッ化物イオンの一部は水酸化物イオンで置き換わっていることが普通．結晶形は菱形の断面を持つ柱状で，柱面の伸長方向に筋（条線）が見られる．ほとんど無色か淡い色を示すが，和名のように黄色の結晶として知られ，特にシェリー酒のような黄橙色のインペリアル・トパーズが有名．古くはシトリン（黄水晶），黄サファイア，黄色の灰鉄石榴石もトパーズと呼ばれたことがある．

異極鉱　Hemimorphite　　　　0227
マダガスカル　Madagascar
化学式：$Zn_4Si_2O_7(OH)_2\cdot H_2O$　結晶系：斜方晶系　色：無，白，淡青，淡緑，淡黄など　条痕色：白　光沢：ガラス　劈開：二方向に完全　硬度：5　密度：3.5

亜鉛のケイ酸塩水酸化物水和物．薄い板状晶を成し，その上半部と下半部で形態が異なる異極像（異極半面像）が顕著なため，その特異的な結晶形態が鉱物名になった．ただし，このような異極像が簡単に観察できるほどの結晶の産出はむしろ稀である．

異極鉱 Hemimorphite

中華人民共和国雲南省元陽 China

化学式：$Zn_4Si_2O_7(OH)_2 \cdot H_2O$　結晶系：斜方晶系　色：無，白，淡青，淡緑，淡黄など　条痕色：白　光沢：ガラス　劈開：二方向に完全　硬度：5　密度：3.5

亜鉛を置換する微量成分の銅により，鮮やかな水色を示す．亜鉛鉱床の酸化帯に二次鉱物として生成し，微細な結晶がぶどう状，皮膜状に集合体を成す．亜鉛のケイ酸塩鉱物であるため，珪亜鉛鉱と混同されることがある．

ベスブ石 Vesuvianite

埼玉県秩父市秩父鉱山

化学式：$(Ca,Na)_{19}(Al,Mg,Fe)_{13}(SiO_4)_{10}(Si_2O_7)_4(OH,F,O)_{10}$　結晶系：正方晶系　色：緑，黄～褐，赤，青，白など　条痕色：白～淡緑褐　光沢：ガラス～樹脂　劈開：なし　硬度：6½　密度：3.4

カルシウムとアルミニウムを主成分とするケイ酸塩鉱物．同形置換によりナトリウム，鉄，マンガンを相当量含み複雑な化学組成を持つ．結晶構造でも，独立したケイ酸四面体と，2つのケイ酸四面体が重合した二量体の2種類の形態のケイ酸イオンを持ち合わせる特徴がある．イタリアのベスビオ火山に因む鉱物名であるが，日本ではスカルン鉱床に多い．

マンガン斧石　Axinite-(Mn)　　　0167
大分県豊後大野市尾平鉱山
化学式：$Ca_4Mn_2^{2+}Al_4[B_2Si_8O_{30}](OH)_2$　結晶系：三斜晶系　色：黄, 褐, 青　条痕色：白～灰　光沢：ガラス　劈開：一方向に良好　硬度：6½-7　密度：3.3

斧のような板状晶を示す斧石のマンガンに富む種．マンガン，鉄，マグネシウムの含有量で分類される，マンガン斧石，チンゼン斧石，鉄斧石，苦土斧石が斧石族を構成する．その他の主成分としてカルシウム，アルミニウム，ホウ素を含むケイ酸塩鉱物．マンガン斧石と鉄斧石が一般的で，スカルンなどの変成岩の中に産する．

ダンブリ石　Danburite　　　0445
メキシコ　San Luis Potosi, Mexico
化学式：$CaB_2Si_2O_8$　結晶系：斜方晶系　色：無, 白, 黄　条痕色：白　光沢：ガラス, 油脂　劈開：なし　硬度：7　密度：3.0

ダンブリ石はカルシウムのホウ酸塩ケイ酸塩．柱状晶のダンブリ石はトパーズに似ているが，ダンブリ石には明瞭な劈開が無いのに対し，トパーズには柱に垂直方向に明瞭な劈開があるので，それぞれ区別できる．花崗岩やスカルンに見られる．鉱物名は原記載産地，アメリカ，コネティカット州のダンブリーに因む．

緑簾石・石英 Epidote, Quartz

モロッコ Alnif, Meknès-Tafilalet, Morocco

化学式：$Ca_2Fe^{3+}Al_2(Si_2O_7)(SiO_4)O(OH)$　結晶系：単斜晶系　色：緑, 黄緑　条痕色：白〜灰　光沢：ガラス　劈開：一方向に完全　硬度：6½　密度：3.4
化学式：SiO_2　結晶系：三方晶系　色：無, 白, 褐黒, 紫, 黄など　条痕色：白　光沢：ガラス　劈開：なし　硬度：7　密度：2.7

緑簾石族鉱物の代表種．独立したケイ酸四面体と，2つのケイ酸四面体が重合した二量体の2種類の形態のケイ酸イオンを持ち合わせる特徴がある．カルシウム・鉄・アルミニウムを主成分とする緑簾石の他に，鉄をマンガンに換えた紅簾石，カルシウムの半分を希土類で換えた褐簾石などに加え，国内で発見された新潟石や上田石を含め20種以上が緑簾石族に属する．

ベニト石 Benitoite

アメリカ合衆国 Gem mine, San Benito, California, U.S.A.

化学式：$BaTiSi_3O_9$　結晶系：六方晶系　色：青, 無, 白, 淡紅　条痕色：白　光沢：ガラス　劈開：なし　硬度：6-6½　密度：3.7

ベニト石はバリウムとチタンのケイ酸塩で，青色の扁平な錐状あるいは三角ないし六角板状晶として，蛇紋岩を貫く岩脈中に産する．カリフォルニアは宝石質のベニト石結晶の産地として知られる．

緑柱石（アクアマリン） Beryl (Aquamarine) 0530

パキスタン　Hunza Valley, Gilgit, Pakistan

化学式：$Be_3Al_2Si_6O_{18}$　結晶系：六方晶系　色：無，淡青，緑，黄，淡紅など　条痕色：白　光沢：ガラス　劈開：なし　硬度：7½-8　密度：2.7

緑柱石はベリルとも呼ばれ，ベリリウムとアルミニウムのケイ酸塩である．淡い水色の透明な宝石質の結晶がアクアマリン．微量成分の鉄が水色の発色要因となる．緑柱石は六角柱状の結晶形が典型であるが，鋭い尖端を持つことや複雑な結晶面で構成されることもあり，変化に富む．ベリリウムの鉱石鉱物である．

緑柱石（エメラルド） Beryl (Emerald) 0496

オーストラリア　Menzies, W.A., Australia

化学式：$Be_3Al_2Si_6O_{18}$　結晶系：六方晶系　色：無，淡青，緑，黄，淡紅など　条痕色：白　光沢：ガラス　劈開：なし　硬度：7½-8　密度：2.7

緑柱石には様々な微量成分が含まれ，それらを要因として多様な色調の結晶を成す．宝石質の緑柱石は色によって，エメラルド（緑色：クロムやバナジウム），アクアマリン（水色：鉄），モルガナイト（桃色：マンガンやセシウム），ヘリードール（黄色：鉄）と呼ばれる．赤色の緑柱石（レッド・ベリル）も産出し，和名，緑柱石はややこしい．

翠銅鉱　Dioptase

カザフスタン　Altyn-Tube mine, Karaganda, Kazakhstan

化学式：$CuSiO_3·H_2O$　結晶系：三方晶系　色：緑〜青緑　条痕色：緑　光沢：ガラス　劈開：三方向に完全　硬度：5　密度：3.3

発見当初はエメラルドと間違えられたほどの鮮やかな緑を示す．緑柱石と同じケイ酸塩ではあるものの化学成分は異なり，銅を主成分とする．銅鉱床の酸化帯で二次鉱物として生成し，粒状の結晶に成長することもある．硬度は高くなく，塩酸や硝酸に溶ける．

鉄電気石　Schorl

ブラジル　Araçuaí, Minas Gerais, Brazil

化学式：$NaFe^{2+}_3Al_6(BO_3)_3(Si_6O_{18})(OH)_4$　結晶系：三方晶系　色：黒〜暗褐　条痕色：灰白〜淡青　光沢：ガラス　劈開：なし　硬度：7　密度：3.2

電気石はホウ酸イオンを含むケイ酸塩鉱物の一族からなり，ナトリウムやカルシウム，鉄，マグネシウムやリチウム，それにアルミニウム，クロム，バナジウムなどを主成分とする．和名は，熱や圧力を加えると弱い電気が発生する特性に基づく．トルマリンとも呼ばれ，宝石名はこちらの方が一般的．電気石は鉱物としては特に珍しいものではないが，透明で色鮮やかな大粒の結晶は大変珍しい．主成分となる元素の違いで20種近くに分類されるが，電気石で最も一般的なものが黒色の六角柱状結晶の鉄電気石である．

鉄電気石　Schorl

福島県石川郡石川町

化学式：$NaFe_3^{2+}Al_6(BO_3)_3(Si_6O_{18})(OH)_4$　　結晶系：三方晶系　　色：黒～暗褐　　条痕色：灰白～淡青　　光沢：ガラス　　劈開：なし　　硬度：7　　密度：3.2

電気石の結晶形は，三角柱が2つ重なったような六角柱状が基本的である．これは，三方晶系の結晶構造が結晶外形として現れた結果である．鉄電気石は花崗岩ペグマタイトに大粒の結晶が見られる．僅かながらほとんどの花崗岩には電気石が含まれるが，その大きさは顕微鏡でしか見られないくらいの小さな結晶であることが普通である．

鉄電気石・曹長石・白雲母
Schorl, Albite, Muscovite

ブラジル　Minas Gerais, Brazil

化学式：$NaFe_3^{2+}Al_6(BO_3)_3(Si_6O_{18})(OH)_4$　結晶系：三方晶系　色：黒～暗褐　条痕色：灰白～淡青　光沢：ガラス　劈開：なし　硬度：7　密度：3.2
化学式：$NaAlSi_3O_8$　結晶系：三斜晶系　色：無，白，淡灰，淡黄，淡青など　条痕色：白　光沢：ガラス　劈開：二方向に完全　硬度：6　密度：2.6
化学式：$KAl_2(Si_3Al)O_{10}(OH)_2$　結晶系：単斜晶系　色：無，白，淡緑，淡黄など　条痕色：白　光沢：ガラス，真珠　劈開：一方向に完全　硬度：2½-4　密度：2.8

電気石の柱状結晶の両端部は緩やかなあるいは尖った錐状であるが，一方と他方の端部で異なる異極晶の特徴である形状を示す．加熱や摩擦により帯電し，充分に長い柱状晶では，端部に埃や紙切れが静電気で吸着する様子を観察することができる．柱状結晶の側面（柱面）には伸長方向に条線（筋）が発達することも多い．硬度は高いが脆くて割れやすい．

苦土電気石 Dravite

オーストラリア　Yinnietharra, W.A., Australia

化学式：$NaMg_3Al_6(BO_3)_3(Si_6O_{18})(OH)_4$　結晶系：三方晶系　色：褐～黒　条痕色：淡褐～灰　光沢：ガラス　劈開：なし　硬度：7　密度：3.0

鉄電気石の鉄に換わり，マグネシウム（苦土）を主成分とする電気石．錐状の端部を持った擬六角柱状の結晶形を持つ．マグネシウムと鉄は任意の割合で含まれ，鉄電気石と連続固溶体を成す．鉄の含有量が少ない結晶は褐色となるが，鉄の含有量が多いと黒い結晶となり，鉄電気石との見分けはつかない．

リチア電気石（紅電気石）・石英
Elbaite (Rubellite), Quartz

ブラジル　Minas Gerais, Brazil

化学式：$Na(Li_{1.5}Al_{1.5})Al_6(BO_3)_3(Si_6O_{18})(OH)_4$　結晶系：三方晶系　色：緑，青，淡紅，黄など　条痕色：白　光沢：ガラス　劈開：なし　硬度：7　密度：3.1
化学式：SiO_2　結晶系：三方晶系　色：無，白，褐黒，紫，黄など　条痕色：白　光沢：ガラス　劈開：なし　硬度：7　密度：2.7

リチア電気石はリチウムを主成分とする電気石で，鉄などの結晶の発色に作用するような元素は微量成分としてだけ含むことが特徴である．この微量成分は多様で，その含有率に依り結晶の色も様々である．例えばマンガンが含まれると赤からピンク色に，クロムで緑，鉄で青などである．さらに，鉄とチタンを組み合わると黄色になる．

リチア電気石　Elbaite　　0538
ブラジル　Brazil
化学式：$Na(Li_{1.5}Al_{1.5})Al_6(BO_3)_3(Si_6O_{18})(OH)_4$　結晶系：三方晶系　色：緑，青，淡紅，黄など　条痕色：白　光沢：ガラス　劈開：なし　硬度：7　密度：3.1

一粒の結晶中で色に違い（パーティーカラー）のある電気石もある．リチア電気石の柱状晶で，伸長方向に緑から赤など帯状に漸次色の変わるものもある．色調の変化は2色（バイカラー）に留まらず3色（トリカラー）もあり，さらに色調変化が繰り返されることもある．中でも，中心は赤色で，外側は緑色の結晶は，Watermelon（西瓜）と呼ばれ，珍重される．

リチア電気石　Elbaite　　0541
ブラジル　Cruzeiro mine, Minas Gerais, Brazil
化学式：$Na(Li_{1.5}Al_{1.5})Al_6(BO_3)_3(Si_6O_{18})(OH)_4$　結晶系：三方晶系　色：緑，青，淡紅，黄など　条痕色：白　光沢：ガラス　劈開：なし　硬度：7　密度：3.1

宝石になるような電気石の主要な産地はブラジルである．ミナスジェライス州には大小無数の鉱山があり，ペグマタイトから採取されている．大きなものでは長さ数mにもなる巨大な結晶も見つかるという．

リチア電気石（パライバトルマリン）Elbaite

ブラジル　Brazil

化学式：Na(Li$_{1.5}$Al$_{1.5}$)Al$_6$(BO$_3$)$_3$(Si$_6$O$_{18}$)(OH)$_4$　結晶系：三方晶系　色：緑、青、淡紅、黄など　条痕色：白　光沢：ガラス　劈開：なし　硬度：7　密度：3.1

リチア電気石の着色要因となる元素として、マンガン（桃色、赤）、鉄（青と黄）、銅（水色）が挙げられる。リチア電気石は色によってそれぞれの宝石名があり、桃色はルベライト、青色はインディコライト、水色はパライバトルマリン、緑色はヴェルデライト、無色はアクロアイトと呼ばれる。

ユージアル石・エジリン輝石・霞石　Eudialyte, Aegirine, Nepheline

ロシア　Khibiny, Northern Region, Russia

化学式：Na$_{15}$Ca$_6$Fe$_3$Zr$_3$Si(Si$_{25}$O$_{73}$)(O,OH,H$_2$O)$_3$(Cl,OH)$_2$　結晶系：三方晶系　色：褐、黄、赤　条痕色：白　光沢：ガラス　劈開：一方向に完全　硬度：5-6　密度：3.1
化学式：NaFe^{3+}Si$_2$O$_6$　結晶系：単斜晶系　色：暗緑、赤褐、黒　条痕色：淡帯黄灰　光沢：ガラス　劈開：二方向に完全　硬度：6　密度：3.6
化学式：NaAlSiO$_4$　結晶系：六方晶系　色：無、白、灰、黄など　条痕色：白　光沢：ガラス〜油脂　劈開：なし　硬度：5-5½　密度：2.6

ナトリウム、カルシウム、鉄に加えてジルコニウムを主成分とするケイ酸塩鉱物。複雑な結晶構造を持ち、元素の置換も複雑で微量成分も多様。元素置換が進み別種となる種は20種ほどあり、ユージアル石族を構成する。ニオブや希土類元素などレアメタルを主成分とする種も含まれる。複雑な結晶構造を精密に解析しないと種が定まらないので、とりあえず族名ユージアル石が使われることが多いので注意を要する。赤色の美しい結晶は宝石に加工される。

頑火輝石　Enstatite

岩手県宮古市川井道又
化学式：$MgSiO_3$　結晶系：斜方晶系　色：淡黄〜緑褐　条痕色：白〜帯褐灰　光沢：ガラス，亜金属　劈開：二方向に完全　硬度：5-6　密度：3.2

輝石は重要な造岩鉱物の族（グループ）で，ケイ酸四面体が鎖状に連なる結晶構造を特徴とする．鎖状構造の配列の違いで，斜方輝石と単斜輝石に大別される．斜方輝石は頑火輝石と鉄珪輝石で代表される．頑火輝石は学名の読みのカタカナ表記，「エンスタタイト」の方が馴染まれるようになってきた．苦鉄質から超苦鉄質深成岩や安山岩の重要な鉱物で，針状晶の放射状集合体を成す．柱状晶の破面で閃光や光彩が見られることもある．

透輝石　Diopside

ブラジル　Minas Gerais, Brazil
化学式：$CaMgSi_2O_6$　結晶系：単斜晶系　色：無，暗緑，淡紅，紫　条痕色：白〜淡緑　光沢：ガラス　劈開：二方向に明瞭　硬度：6　密度：3.3

カルシウムとマグネシウムを主成分とする単斜輝石の一種．苦鉄質から超苦鉄質火成岩や変成を受けた苦灰岩から石灰岩に見られる．鉄やクロム，マンガンを微量成分として含み，鉄の含有量が多くなるに従い緑色が濃くなる．短柱状や短冊状（細長い板状）の結晶形を示す．マグネシウムが鉄により置換されたものが灰鉄輝石，マンガンの場合はヨハンセン輝石で，これらは固溶体をなし，見た目で種を判別することは難しい．

リチア輝石・曹長石・石英　Spodumene, Albite, Quartz　　0486

アフガニスタン　Mawi, Nuristan, Afghanistan
化学式：$LiAlSi_2O_6$　結晶系：単斜晶系　色：無，白，淡緑，淡紅など　条痕色：白　光沢：ガラス　劈開：二方向に良好　硬度：6½-7　密度：3.2
化学式：$NaAlSi_3O_8$　結晶系：三斜晶系　色：無，白，淡灰，淡黄，淡青など　条痕色：白　光沢：ガラス　劈開：二方向に完全　硬度：6　密度：2.6
化学式：SiO_2　結晶系：三方晶系　色：無，白，褐黒，紫，黄など　条痕色：白　光沢：ガラス　劈開：なし　硬度：7　密度：2.7

リチウムとアルミニウムを主成分とする単斜輝石の1種で，美晶は宝石にもなる．紫から桃色の結晶はクンツァイト，緑の結晶はヒッデナイトと呼ばれる．宝石質でないものはリチウムの資源として採掘される．

翡翠輝石（ラベンダーひすい）　Jadeite　　0327

ミャンマー　Myanmar
化学式：$NaAlSi_2O_6$　結晶系：単斜晶系　色：白，緑，淡紫，紺青　条痕色：白　光沢：ガラス　劈開：二方向に完全　硬度：7　密度：3.3

翡翠の主要構成鉱物．単斜輝石の1種．ナトリウムとアルミニウムの主成分だけを含み微量成分の無い翡翠輝石には色が無い．クロムや鉄を微量に含むと翠色に，チタンを微量に含むとラベンダー色になる．翡翠（硬玉）は針状から繊維状の翡翠輝石が緻密に絡み合った組織の岩石で，粒間に酸化鉄が介在すると翡色（緋色）に，石墨が介在すると黒色になる．オンファス輝石の組成との間でも固溶体を成す．

85

コスモクロア輝石（マウシシ）　Kosmochlor

0328

ミャンマー　Myanmar

化学式：$NaCrSi_2O_6$　結晶系：単斜晶系　色：緑　条痕色：緑　光沢：ガラス　劈開：二方向に完全　硬度：6　密度：3.6

単斜輝石の一種で，翡翠輝石のアルミニウムをクロムで置換した化学組成を持つ．鮮やかで濃い緑が特徴．隕石中に見つかったので宇宙の緑の意を持つ学名が与えられた．後に，地球上でも，ミャンマーや糸魚川で変成岩中での産出が確認されている．ミャンマーのカチン州マウシッシ地区から産出するコスモクロア輝石を主体とする岩石に産地名が充てられ，マウシシと呼ばれることがある．

バラ輝石　Rhodonite

0407

ペルー　Huanzala, Peru

化学式：$Mn^{2+}SiO_3$　結晶系：三斜晶系　色：紅，赤，紫　条痕色：白　光沢：ガラス　劈開：二方向に完全　硬度：6　密度：3.7

マンガンのケイ酸塩で，マンガンの一部はカルシウムで置き換えられていることが多い．実は輝石には属さず，結晶構造の特徴から準輝石に分類される．赤色系の桃色から薔薇色の結晶や微細結晶の緻密な集合体を成す．紅翡翠という名で装飾品に加工されることもある．マンガン含有率が低くケイ酸塩の製錬は費用が嵩むのでマンガンの鉱石鉱物には向かない．表面が酸化すると，二酸化マンガンに変質し，黒化する．

バスタム石 Bustamite

埼玉県秩父市秩父鉱山六助

化学式：$CaMn^{2+}Si_2O_6$　結晶系：三斜晶系　色：淡紅～褐赤　条痕色：白～淡紅　光沢：ガラス　劈開：一方向に完全, 二方向に良好　硬度：6　密度：3.4

カルシウムとマンガンのケイ酸塩．マンガンの一部が鉄で置換されていることもある．鉄がマンガンを上回ると鉄バスタム石．柱状から針状を成し，淡い桃色から紅色を呈すが，酸化して黒化することがある．鉄の含有量が多くなると褐色の色調が強くなる．

星葉石 Astrophyllite

ロシア Kola Penninsula, Russia

化学式：$K_2NaFe^{2+}_7Ti_2(Si_4O_{12})_2O_2(OH)_4F$　結晶系：三斜晶系　色：真鍮黄～黄金，褐～赤褐　条痕色：黄金　光沢：亜金属，真珠，油脂　劈開：一方向に完全　硬度：3　密度：3.3

カリウム，ナトリウム，鉄，チタンを主成分とする複雑な化学組成のケイ酸塩で，片麻岩中や火成岩の晶洞中に産する．学名は葉片状結晶の放射状集合体の外見に因み，ギリシャ語の「星」と「葉」を意味する語に由来．

普通角閃石 Hornblende

0567

オーストリア　Zillertal, Austria

化学式：$Ca_2[(Mg,Fe^{2+})_4(Al,Fe^{3+})]Si_7AlO_{22}(OH)_2$　結晶系：単斜晶系　色：灰緑〜暗緑, 褐〜黒　条痕色：淡灰緑　光沢：ガラス　劈開：二方向に完全　硬度：5-6　密度：3.3

角閃石は重要な造岩鉱物の1族で，主要成分の違いで100種以上に分類される．ケイ酸四面体の二重の鎖状構造を持つイノケイ酸塩で，斜方角閃石と単斜角閃石に大別される．普通角閃石は単斜角閃石に属し，様々な火成岩や変成岩に普遍的に産する．厳密にはマグネシウムの多い苦土普通角閃石と鉄の多い鉄普通角閃石に分けられるが，見た目で判別するのは困難である．扁平な六角柱状晶が一般的な結晶形．

緑閃石 Actinolite

0580

オーストリア　Furtschaglkar, Zillertal, Austria

化学式：$Ca_2(Mg,Fe^{2+})_5Si_8O_{22}(OH)_2$　結晶系：単斜晶系　色：緑〜暗緑　条痕色：白〜淡緑　光沢：ガラス　劈開：二方向に完全　硬度：6　密度：3.1

緑閃石は単斜角閃石の1種で，普通角閃石に次いで多く産する角閃石である．結晶片岩やスカルンでよく見られる．長柱状や針状の結晶をなし，繊維状晶の束状集合体で産することもある．緻密な塊は軟玉として装飾品に用いられる．鉄をほとんど含まないものは透閃石で白色から淡い緑色を示すのに対し，鉄が多いものは鉄緑閃石で濃い緑から黒色を示す．

葡萄石　Prehnite

インド　India

化学式：$Ca_2Al(Si_3Al)O_{10}(OH)_2$　結晶系：斜方晶系　色：無，淡緑　条痕色：白　光沢：ガラス，真珠　劈開：一方向に完全　硬度：6-6½　密度：2.9

カルシウムとアルミニウムのケイ酸塩水酸化物．自形結晶は四角板状や針状となる．アルミニウムを置換した微量成分の鉄により，淡緑色を示すことが多い．微細結晶がぶどう状の集合体を成すことが一般的で，和名の由来となる．変質した玄武岩や安山岩などの晶洞に産する．半透明で宝石質のものは研磨され，宝飾品のケープエメラルドに加工される．

魚眼石・輝沸石・束沸石　Apophyllite, Heulandite, Stilbite

インド　Poona, India

化学式：$KCa_4Si_8O_{20}(F,OH)\cdot 8H_2O$　結晶系：正方晶系　色：無，白，淡黄，淡緑など　条痕色：白　光沢：ガラス，真珠　劈開：一方向に完全　硬度：5　密度：2.4
化学式：$(Na,K,0.5Ca)_6(Si,Al)_{36}O_{72}\cdot 24H_2O$　結晶系：単斜晶系　色：無，白，淡紅，淡黄，淡褐など　条痕色：白　光沢：ガラス，真珠　劈開：一方向に完全　硬度：4　密度：2.2
化学式：$(Na,K,0.5Ca)_9(Si_{27}Al_9)O_{72}\cdot 28H_2O$　結晶系：単斜晶系　色：無，白，淡紅，淡黄など　条痕色：白　光沢：ガラス，真珠　劈開：一方向に完全　硬度：4　密度：2.2

カリウムとカルシウムのケイ酸塩で，フッ化物のフッ素魚眼石と水酸化物の水酸魚眼石の種に分けられる．両者ともフッ化物イオンと水酸化物イオンの置換により固溶体を成す．結晶形は四角柱や板状で，端部が鋭い錐状のこともある．透明な結晶は光沢が良く，劈開面には濁りも現れ，魚の眼を想い起こすため和名の元となる．学名は，加熱により表面より薄く剥がれる様を落葉に例えたことに因る．

カバンシ石・輝沸石・束沸石　Cavansite, Heulandite, Stilbite
インド　Poona, India　　0408

化学式：$CaV^{4+}OSi_4O_{10}\cdot 4H_2O$　結晶系：斜方晶系　色：青〜緑青　条痕色：白〜淡青　光沢：ガラス　劈開：一方向に良好　硬度：3-4　密度：2.3
化学式：$(Na,K,0.5Ca)_6(Si,Al)_{36}O_{72}\cdot 24H_2O$　結晶系：単斜晶系　色：無,白,淡紅,淡黄,淡褐など　条痕色：白　光沢：ガラス,真珠　劈開：一方向に完全　硬度：4　密度：2.2
化学式：$(Na,K,0.5Ca)_9(Si_{27}Al_9)O_{72}\cdot 28H_2O$　結晶系：単斜晶系　色：無,白,淡紅,淡黄など　条痕色：白　光沢：ガラス,真珠　劈開：一方向に完全　硬度：4　密度：2.2

カバンシ石はカルシウムとバナジウムのケイ酸塩水和物で，鉱物名は主成分を表している．多形（同質異像）にあたるペンタゴン石と同様に，鮮やかな空色から青緑の結晶が特徴的である．玄武岩や安山岩，凝灰岩の晶洞に方解石や種々の沸石と共に産する．

オーケン石　Okenite
中華人民共和国貴州　China　　　　　　　　　　　　　　　　　　　　　　　　　　　　　　　　　　　　　0351

化学式：$Ca_{10}Si_{18}O_{46}\cdot 18H_2O$　結晶系：三斜晶系　色：白,淡黄　条痕色：白　光沢：ガラス,真珠　劈開：一方向に完全　硬度：4½-5　密度：2.3

カルシウムのケイ酸塩水和物．極細の針状ないしは繊維状の結晶が放射状に集合体を成し，コットンボール・クラスター（綿球塊）と呼ばれる．結晶の硬度が著しく低いわけではないが，針状晶は折れやすい．繊維状晶はしなやかに曲がる．白色の集合体が一般的で，その質感からラビットテイル（兎の尾）とも呼ばれる．また，青や黄を帯びることもある．玄武岩の晶洞に産する．人工的に鮮やかに染色されることも少なくない．

葉蝋石 Pyrophyllite

ロシア　Berezovsk, Urals, Russia

化学式：$Al_2Si_4O_{10}(OH)_2$　結晶系：単斜晶系，三斜晶系　色：白，淡青，淡緑など　条痕色：白　光沢：真珠　劈開：一方向に完全　硬度：1-2　密度：2.8

アルミニウムのフィロケイ酸塩水酸化物．マグネシウムのフィロケイ酸塩である滑石と同じ基本構造を持ち，共に滑石族に属する．パイロフィライトとも呼ばれ，蝋石の主成分の鉱物．長石が熱水により変質して生成する．微粉末の集合体は白色であるが，板状晶の集合体では僅かに帯びた緑色が鮮明になる．明治時代には小学校で石筆に使われた．近代製鉄の発展と共に耐火物の原料として重用されるようになり，様々な高温炉の耐火レンガにも使われている．

滑石 Talc

ロシア　Urals, Russia

化学式：$Mg_3Si_4O_{10}(OH)_2$　結晶系：単斜晶系，三斜晶系　色：白～淡緑　条痕色：白　光沢：真珠　劈開：一方向に完全　硬度：1　密度：2.8

マグネシウムのフィロケイ酸塩水酸化物．滑石族鉱物の代表種．タルクとも呼ばれる．モース硬度1の指標鉱物で極めて軟らかく，結晶でも粉体でもすべすべした触感がある．超苦鉄質岩が蛇紋岩化した後，炭酸とケイ酸に富む熱水と反応して変質したものと考えられる．微粉末の集合体は白色であるが，板状晶の集合体では僅かに帯びた緑色が鮮明になる．製紙，合成樹脂，ゴム，塗料，セラミックスなどの配合・充填剤を始め，化粧品，医薬品に使用される．なお，日本薬局方の「滑石」は鉱物学上の滑石とは異なる．

白雲母 Muscovite

0372

ミャンマー　Mogok Stone deposit, Myanmar

化学式：$KAl_2(Si_3Al)O_{10}(OH)_2$　結晶系：単斜晶系　色：無，白，淡緑，淡黄など　条痕色：白　光沢：ガラス，真珠　劈開：一方向に完全　硬度：2½-4　密度：2.8

白雲母，金雲母，黒雲母，リチア雲母など雲母超族のフィロケイ酸塩の一群を総称して雲母と呼ぶ．雲母は一般に薄い板状結晶を成し，時に柱状に成長することもある．いずれも，紙のように薄く剥がれやすい性質（劈開の一つの様式）を示し，「千枚剥がし」とも呼ばれる．平滑な劈開面での反射が際立ち，「きら」「きらら」とも呼ばれる．雲母には様々な化学組成の種が存在し，それらの中間的な組成で産出することも普通であるため，黒雲母やリチア雲母のように一定の組成範囲を総称することも多い．

白雲母 Muscovite

0578

ブラジル　Minas Gerais, Brazil

化学式：$KAl_2(Si_3Al)O_{10}(OH)_2$　結晶系：単斜晶系　色：無，白，淡緑，淡黄など　条痕色：白　光沢：ガラス，真珠　劈開：一方向に完全　硬度：2½-4　密度：2.8

雲母は，八面体6配位のマグネシウムやアルミニウムなどの八面体シート1枚を，四面体4配位のケイ素などの四面体シート（フィロケイ酸シート）2枚で挟んだ層状構造が積層して構成されている．積層の規則性に多様性があり，多くの種はポリタイプに細分される．負に荷電した層状構造の間には大きめの陽イオンが在って，イオン結合で層をつないでいる．1価の陽イオンが大半の雲母を純雲母，2価の陽イオンが大半のものを脆雲母，と分類する．また，層間陽イオンが少ない雲母は，層間欠損型雲母と区別する．

白雲母 Muscovite

0077

ブラジル Minas Gerais, Brazil

化学式：$KAl_2(Si_3Al)O_{10}(OH)_2$　結晶系：単斜晶系　色：無，白，淡緑，淡黄など　条痕色：白　光沢：ガラス，真珠　劈開：一方向に完全　硬度：2½-4　密度：2.8

白雲母は層間にカリウムを，八面体シートにアルミニウムをもつ純雲母．層間のカリウムの一部がナトリウムで置き換えられることもあるが，八面体層のアルミニウムが鉄などで置換されることはそれほど顕著ではない．鉄をほとんど含まない白雲母は，透明な結晶では無色，粉末は白色をしている．しかし鉄などの同形置換があると，淡いながらも茶褐色を帯びてくる．

白雲母 Muscovite

0080

ブラジル Minas Gerais, Brazil

化学式：$KAl_2(Si_3Al)O_{10}(OH)_2$　結晶系：単斜晶系　色：無，白，淡緑，淡黄など　条痕色：白　光沢：ガラス，真珠　劈開：一方向に完全　硬度：2½-4　密度：2.8

白雲母は普遍的な造岩鉱物で，千枚岩，結晶片岩，片麻岩などの変成岩，花崗岩やアプライトなどの火成岩に見られる．中でもペグマタイトでは大きな自形結晶が産し，熱水作用により母岩の割れ目を充填するように生成したものは絹雲母（セリサイト：微細な白雲母）の鉱床を成すこともある．堆積岩では加水白雲母など層間欠損型雲母を経て粘土鉱物に変質していることも多い．

白雲母・石英・カリ長石　Muscovite (Pink mica), Quartz, K-feldspar　　0540
ブラジル　Minas Gerais, Brazil

化学式：$KAl_2(Si_3Al)O_{10}(OH)_2$　結晶系：単斜晶系　色：無，白，淡緑，淡黄など　条痕色：白　光沢：ガラス，真珠　劈開：一方向に完全　硬度：2½–4　密度：2.8
化学式：SiO_2　結晶系：三方晶系　色：無，白，褐黒，紫，黄など　条痕色：白　光沢：ガラス　劈開：なし　硬度：7　密度：2.7
化学式：$KAlSi_3O_8$　結晶系：単斜晶系，三斜晶系　色：無，白，黄，淡紅，淡青など　条痕色：白　光沢：ガラス　劈開：二方向に完全　硬度：6　密度：2.6

電気絶縁性，断熱性・耐熱性に優れるので，トースターやアイロンなどで電熱線の保持板に，また透明な薄板結晶はストーブや高温炉の窓材として使われてきた．近年は天然の鉱物結晶に代わり，人工の雲母が用いられることが多い．白雲母の微粉末は絹雲母（セリサイト）の名称で断熱材の他に，粘土の一種として窯業用原料や化粧品の素材にも使われている．合成雲母は，自動車などのパール塗装に代表されるように塗料に混ぜて使われることもある．

リチア雲母（鱗雲母）　Lepidolite　　0772
ブラジル　Brazil

化学式：$K(Li,Al)_3Si_4O_{10}F_2$　結晶系：単斜晶系　色：淡紅，白，無，淡黄　条痕色：白　光沢：真珠，油脂　劈開：一方向に完全　硬度：2–3　密度：2.8

紅雲母（べにうんも）ともいう．リチア雲母はトリリチオ雲母とポリリチオ雲母の系列全体の，チンワルド雲母は葉鉄（シデロフィル）雲母とポリリチオ雲母の系列全体の総称である．

リチア雲母（鱗雲母）　Lepidolite

ブラジル　Minas Gerais, Brazil

化学式：$K(Li,Al)_3Si_4O_{10}F_2$　結晶系：単斜晶系　色：淡紅, 白, 無, 淡黄　条痕色：白　光沢：真珠, 油脂　劈開：一方向に完全　硬度：2-3　密度：2.8

層間にカリウムを，八面体層にリチウムとアルミニウムを持つ純雲母の1種．カリウムの一部がルビジウムやセシウムなどで置換されることが多い．八面体層にマンガンが微量含まれることにより薄紅から桃色となる．リチウムの重要な資源である．

金雲母　Phlogopite

中華人民共和国内モンゴル自治区　China

化学式：$KMg_3(Si_3Al)O_{10}(OH)_2$　結晶系：単斜晶系　色：無〜黄褐, 暗褐　条痕色：白　光沢：真珠, 亜金属　劈開：一方向に完全　硬度：2½　密度：2.8

層間にカリウムを，八面体層にマグネシウムを持つ純雲母の1種．カリウムの一部がナトリウムやカルシウムなどで，マグネシウムは鉄やリチウムなどで置換されることも多い．鉄が微量含まれることにより黄褐色となり，劈開面での顕著な反射と相まって黄金を想わせる輝きを示す．学名は，赤色結晶での内部反射が炎の煌めきに似るため，ギリシャ語で「炎のような」に因む．変成した苦灰岩や超苦鉄質岩中などに産する．火成岩や片麻岩のような変成岩には鉄分が多い結晶が普遍的に産する．

金雲母 Phlogopite 0819
朝鮮民主主義人民共和国平安北道蘆田洞　North Korea
化学式：KMg$_3$(Si$_3$Al)O$_{10}$(OH)$_2$　結晶系：単斜晶系　色：無〜黄褐，暗褐　条痕色：白　光沢：真珠，亜金属　劈開：一方向に完全　硬度：2½　密度：2.8

鉄による置換が進むと，濃色から黒色になり，永らく黒雲母と呼ばれてきたが，現在の雲母の定義では，鉄の含有量がマグネシウムを凌ぐ雲母は鉄雲母と別種に分類される．黒雲母は，金雲母と鉄雲母の中間体，あるいは固溶体系列全体の総称．しばしば水酸化物イオンがフッ化物イオンで置き換えられている．フッ素の含有量が増えるに従い，脱水分解が抑えられ耐熱性を増す．フッ化物イオンが水酸化物イオンを超えるとフッ素金雲母と別種に分類される．

金雲母 Phlogopite 0081
ブラジル　Minas Gerais, Brazil
化学式：KMg$_3$(Si$_3$Al)O$_{10}$(OH)$_2$　結晶系：単斜晶系　色：無〜黄褐，暗褐　条痕色：白　光沢：真珠，亜金属　劈開：一方向に完全　硬度：2½　密度：2.8

フッ素雲母は原料を一旦加熱溶融し，ゆっくり冷却して合成することが可能で，工業的な大量生産に適している．耐熱性を適用して難燃性の合成樹脂の添加剤・充填剤，また絶縁材料や摺動材料，さらに低水素系溶接棒などに広く使われている．園芸用の土として市販されている蛭石（バーミキュライト）は，ほとんどが黒雲母の風化物（加水黒雲母）を加熱処理したものである．本来の苦土蛭石（バーミキュライト）は，雲母ではなくスメクタイトの仲間で，鉱物種として区別すべきである．

クリノクロア石 Clinochlore

ブラジル　Minas Gerais, Brazil

化学式：$Mg_5Al(AlSi_3O_{10})(OH)_8$　結晶系：単斜晶系　色：淡緑〜暗緑，褐，菫など　条痕色：白　光沢：真珠，土状　劈開：一方向に完全　硬度：2½　密度：2.6

クリノクロア石はマグネシウムを主成分とする緑泥石(クロライト)の1種．雲母に似た2:1型の層状構造をもつフィロケイ酸塩．雲母での層間の陽イオンを，6つの水酸化物イオンで配位された陽イオンに置き換えた関係にある．六角あるいは三角の柱状の結晶で数cmに成長したものも見られるが，多くの場合極めて微細な結晶の集合体を成し粘土質である．

クリノクロア石(含クロム緑泥石・菫泥石) Clinochlore (Kämmererite)

トルコ　Kop Daglari, Turkey

化学式：$Mg_5Al(AlSi_3O_{10})(OH)_8$　結晶系：単斜晶系　色：淡緑〜暗緑，褐，菫など　条痕色：白　光沢：真珠，土状　劈開：一方向に完全　硬度：2½　密度：2.6

クリノクロア石のマグネシウムはしばしば鉄やアルミニウム，時にクロムにより置換される．鉄置換による緑色が緑泥石の名前の由来になっている．微量のクロムにより紅色がもたらされたものには菫泥石の別称がある．緑泥石は，鉄やマグネシウムに富む雲母，角閃石，輝石など主要な火山岩の造岩鉱物が熱水作用を受けて変質して生成するため，その存在は，熱水変質の程度の指標となる．

珪孔雀石　Chrysocolla　　　　0259
アメリカ合衆国　Inspiration mine, Gila, Arizona, U.S.A.
化学式：$(Cu,Al)_2H_2Si_2O_5(OH)_4 \cdot nH_2O$　結晶系：斜方晶系　色：淡青　条痕色：白〜淡青　光沢：磁器状，土状　劈開：なし　硬度：3　密度：2.4

銅とアルミニウムのケイ酸塩水酸化物水和物．単なる孔雀石のケイ素置換体ではなく，銅を主成分とすること以外，孔雀石への関連は薄い．銅による特徴ある薄い青色の不定型な微細結晶の集合体を成し，含まれる水分子の数など，不確定な性質も残っている．銅鉱床の変質帯に見られる．

ガイロル石　Gyrolite　　　　0424
インド　Poona, India
化学式：$NaCa_{16}(Si_{23}Al)O_{60}(OH)_8 \cdot 14H_2O$　結晶系：三斜（擬六方）晶系　色：無，白，黄褐　条痕色：白　光沢：ガラス，真珠　劈開：一方向に完全　硬度：3-4　密度：2.4

カルシウムとナトリウムのケイ酸塩水酸化物水和物で，アルミニウムも主成分（必須元素）としてケイ素の一部を置き換えている．板状あるいは葉片状の細かい結晶が放射状に球状の集合体を成す．球面では板状晶の端面が回転するような渦巻き模様を見せる．このような外見から，学名はギリシャ語の回転，丸い，に由来．

カリ長石・曹長石　K-feldspar, Albite　　0577

ブラジル Minas Gerais, Brazil

化学式：$KAlSi_3O_8$　結晶系：単斜晶系，三斜晶系　色：無，白，黄，淡紅，淡青など　条痕色：白　光沢：ガラス　劈開：二方向に完全　硬度：6　密度：2.6
化学式：$NaAlSi_3O_8$　結晶系：三斜晶系　色：無，白，淡灰，淡黄，淡青など　条痕色：白　光沢：ガラス　劈開：二方向に完全　硬度：6　密度：2.6

長石はアルカリ金属やアルカリ土類を主成分とするテクトケイ酸塩で，造岩鉱物としても最も普遍的である．化学組成と結晶構造により20種ほどに細分されるが，アルカリ長石，斜長石，その他の長石に大別される．カリウムのアルミノケイ酸塩（アルミニウムがケイ素の一部を置換したケイ酸塩）である正長石は，微斜長石，玻璃長石，アノーソクレース，曹長石と共にアルカリ長石に分類される．これらの前から3種は併せてカリ長石と呼ばれる．

正長石　Orthoclase　　0293

広島県大竹市

化学式：$KAlSi_3O_8$　結晶系：単斜晶系　色：無，白，灰，淡黄　条痕色：白　光沢：ガラス　劈開：二方向に完全　硬度：6　密度：2.6

カリ長石の中でも，正長石と微斜長石にはほとんどナトリウムが含まれず，これは玻璃長石との顕著な相違である．正長石は珪長質の火成岩や片麻岩などの造岩鉱物として産し，板状，柱状など様々な結晶形を示す．複雑な双晶を成すことも多い．完全な二方向の劈開は直交することから，学名はギリシャ語の直交する割れ目に由来．正長石の「正」も直交を意味する．モース硬度6の指標鉱物である．

正長石（氷長石）・石英 Orthoclase (Adularia), Quartz　　0254
ドイツ　Galenstock, Germany
化学式：$KAlSi_3O_8$　結晶系：単斜晶系　色：無，白，灰，淡黄　条痕色：白　光沢：ガラス　劈開：二方向に完全　硬度：6　密度：2.6

菱形柱状の透明なカリ長石には氷長石の別称があり，そのほとんどは正長石に属する．正長石のカリウムは微量のカルシウム，チタン，鉄，ストロンチウム，鉛，バリウムなどに置換される．稀に正長石のバリウムが増え，重土長石（バリウムが主成分の長石）と固溶体を成す．重土長石ではないもののバリウムを相当量含む正長石を特にハイアロフェンと呼ぶ．

微斜長石　Microcline　　0542
岐阜県中津川市蛭川田原
化学式：$KAlSi_3O_8$　結晶系：三斜晶系　色：無，白，淡黄　灰青など，条痕色：白　光沢：ガラス　劈開：二方向に完全　硬度：6　密度：2.6

微斜長石は正長石と同様にナトリウムをほとんど含まないカリ長石である．微斜長石の劈開は直交から微妙に傾く．学名も和名もこの特徴に基づくが，その傾きは極めて僅かに過ぎないため，正長石との判別が難しい．カリ長石は風化しやすく，アルカリ金属が溶け出して分解しカオリン石などの粘土になる．

微斜長石（天河石） Microcline (Amazonite)

ブラジル Minas Gerais, Brazil
化学式：$KAlSi_3O_8$　結晶系：三斜晶系　色：無，白，淡黄，灰，青など　条痕色：白　光沢：ガラス　劈開：二方向に完全　硬度：6　密度：2.6

微斜長石には微量のカルシウム，チタン，鉄，ストロンチウム，鉛，バリウムなどが含まれる．天河石は微量成分の鉛により青緑に発色した微斜長石である．カリ長石は高温条件下ではナトリウムをかなり固溶できるが，温度の低下に伴い，ナトリウムの固溶が少ない正長石や微斜長石に相転移すると，排出されたナトリウムがこれらの長石の結晶の間に葉片状曹長石として離溶する．

微斜長石（天河石）・石英（煙水晶） Microcline (Amazonite), Quartz

アメリカ合衆国 Crystal Park, Colorado, U.S.A.
化学式：$KAlSi_3O_8$　結晶系：三斜晶系　色：無，白，淡黄，灰，青など　条痕色：白　光沢：ガラス　劈開：二方向に完全　硬度：6　密度：2.6

天河石の由来はアマゾン川と伝わる．しかし，アマゾン川の流域には青緑の微斜長石の産出は知られていない．正確な産地の誤認という説とアマゾン川流域産の軟玉（ネフライト：鉄緑閃石－透閃石系列の角閃石）との混同という説がある．

玻璃長石（月長石） Sanidine (Moonstone)

メキシコ　Pili mine, Mun. de Saucillo, Chihuahua, Mexico

化学式：(K,Na)AlSi$_3$O$_8$　結晶系：単斜晶系　色：無，白　条痕色：白　光沢：ガラス　劈開：一方向に完全，一方向に明瞭　硬度：6　密度：2.6

サニディンとも呼ばれ，カリ長石の中ではナトリウムによるカリウムの置換が多い．正長石や微斜長石に比べ透明感がある．高温型のカリ長石で，アルカリに富んだ珪長質火山岩や，高温の接触変成岩に産する．学名はギリシャ語の板状から，和名は水晶やガラスなど透明でガラス光沢の質感に由来．ナトリウムの量がカリウムを超えるとアノーソクレースに分類される．青白い閃光を放つムーンストーン（月長石）も知られる．

灰長石（曹灰長石） Anorthite (Labradorite)

マダガスカル　Madagascar

化学式：CaAl$_2$Si$_2$O$_8$　結晶系：三斜晶系　色：無，白，淡灰，淡黄，赤など　条痕色：白　光沢：ガラス　劈開：二方向に完全　硬度：6　密度：2.8

斜長石はナトリウム主成分の曹長石とカルシウム主成分の灰長石の固溶体系列の総称で，地殻を構成する岩石で最も普遍的な鉱物群である．鉱物種として曹長石と灰長石の2種に分類するが，さらに灰曹長石，中性長石，曹灰長石，亜灰長石を中間組成に加え細分することもある．僅かなカリウムを含み，微量のチタンや鉄が含まれることもある．板状や柱状の結晶形が一般的．

灰長石（曹灰長石） Anorthite (Labradorite)

マダガスカル　Ampandrandava, Betioky, Tuléar, Madagascar

化学式：$CaAl_2Si_2O_8$　結晶系：三斜晶系　色：無，白，淡灰，淡黄，赤など　条痕色：白　光沢：ガラス　劈開：二方向に完全　硬度：6　密度：2.8

灰長石の中には，光の波長に近い周期で交互に繰り返される薄膜層の内部構造を持つものがあり，薄膜層の境界面で光が干渉することにより遊色効果が現れイリデッセンス（ラブラドレッセンス）という特有の虹色の輝きを示すことがある．カナダ，ラブラドール沖のポール島から美しい標本が多産することから，産地名にちなんでラブラドライトとも呼ばれる．

方ソーダ石 Sodalite

ブラジル　Minas Gerais, Brazil

化学式：$Na_4Si_3Al_3O_{12}Cl$　結晶系：立方晶系　色：無，白，黄，緑，青，赤など　条痕色：白　光沢：ガラス，油脂　劈開：なし　硬度：5½–6　密度：2.3

準長石の1種で，ナトリウムのアルミノケイ酸塩塩化物．準長石族鉱物は，長石族鉱物に比べてケイ酸の量が少なく，アルカリ金属に富む．ラズライトなど10種余りの準長石と共に方ソーダ石亜族を構成する．微量の鉄，マンガン，カリウム，硫黄を含むことがある．典型的な結晶形は十二面体．霞石閃長岩などに見られる．

方ソーダ石 Sodalite

ブラジル Brazil

化学式：Na$_4$Si$_3$Al$_3$O$_{12}$Cl　結晶系：立方晶系　色：無，白，黄，緑，青，赤など　条痕色：白　光沢：ガラス，油脂　劈開：なし　硬度：5½–6　密度：2.3

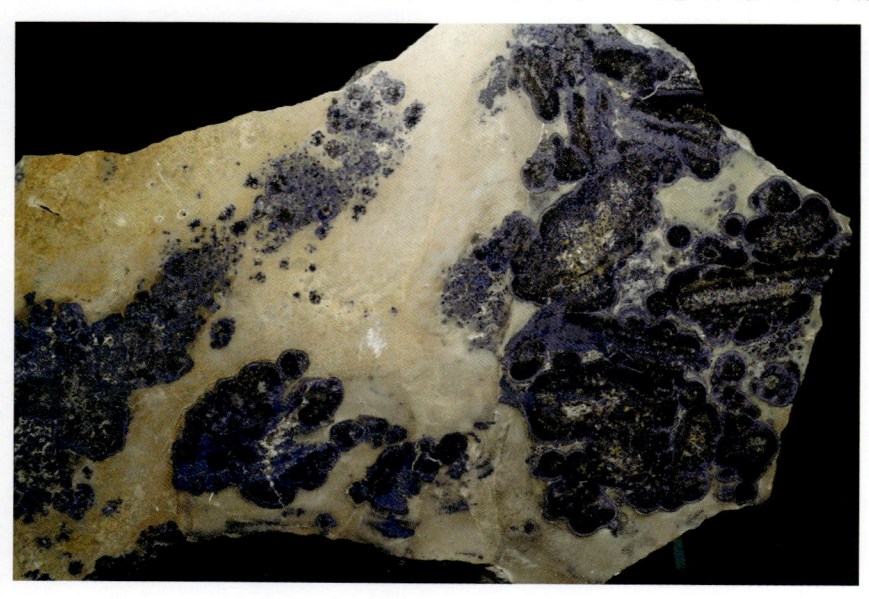

方ソーダ石は青色の塊状集合体として産することが多い．ラピスラズリを構成する鉱物の1つでもある．半貴石として宝飾品に加工される．紫外線照射により蛍光を発する．

ラズライト（青金石・瑠璃・ラピスラズリ） Lazurite (Lapis lazuli)

アフガニスタン Afghanistan

化学式：Na$_3$Ca(Si$_3$Al$_3$)O$_{12}$S　結晶系：立方晶系，単斜晶系，三斜晶系　色：青，紫，緑　条痕色：鮮青　光沢：ガラス　劈開：なし　硬度：5　密度：2.4

ナトリウムとカルシウムのアルミノケイ酸塩で硫黄を含む準長石．方ソーダ石亜族の一員で，結晶質石灰岩（大理石）中に見られる．瑠璃（ラピスラズリ）の主要な構成鉱物．緻密な塊状で産することが多いが，稀に正八面体あるいは立方体と正八面体の組み合わせた自形結晶を成す．硫黄（の電子）が青色発色の要因となっている．

ラズライト（青金石・瑠璃・ラピスラズリ） Lazurite (Lapis lazuli) 0331

アフガニスタン Badakhshān, Afghanistan

化学式：$Na_3Ca(Si_3Al_3)O_{12}S$　結晶系：立方晶系，単斜晶系，三斜晶系　色：青，紫，緑　条痕色：鮮青　光沢：ガラス　劈開：なし　硬度：5　密度：2.4

紺青のラズライトを夜空に，伴う黄鉄鉱を星に見立て，青金石と呼ばれることもある．顔料のウルトラマリンの原料にもなる．合成のウルトラマリンとして，方ソーダ石などラズライトの化学組成に近い準長石に相当する物質が使われていることが多い．学名のカタカナ読みは，全く別種のアルミニウムとマグネシウムのリン酸塩，天藍石の学名 lazulite と同じ読みになり，混同しかねないので要注意．

束沸石・魚眼石 Stilbite, Apophyllite 0421

インド India

化学式：$(Na,0.5Ca,K)_9(Si_{27}Al_9)O_{72}\cdot 28H_2O$　結晶系：単斜晶系　色：無，白，淡紅，淡黄など　条痕色：白　光沢：ガラス，真珠　劈開：一方向に完全　硬度：4　密度：2.2
化学式：$KCa_4Si_8O_{20}(F,OH)\cdot 8H_2O$　結晶系：正方晶系　色：無，白，淡黄，淡緑など　条痕色：白　光沢：ガラス，真珠　劈開：一方向に完全　硬度：5　密度：2.4

ケイ素とアルミニウムが酸素と結合した三次元骨格構造（フレームワーク）がナトリウムなどの陽イオンと結晶水を抱え込めるような空間を作っている一群のテクトケイ酸塩を沸石（ゼオライト）と呼ぶ．沸石の結晶は，その内部に取り込まれた陽イオンを外部の陽イオンと入れ替え（イオン交換），また結晶水を出し入れすることができる．特定のイオンに限って作用し分子ふるいとして，さらに化学反応を促進する触媒として，合成ゼオライトが様々に利用されている．

束沸石・魚眼石　Stilbite, Apophyllite

インド　India

化学式：$(Na,0.5Ca,K)_9(Si_{27}Al_9)O_{72} \cdot 28H_2O$　結晶系：単斜晶系　色：無，白，淡紅，淡黄など　条痕色：白　光沢：ガラス，真珠　劈開：一方向に完全　硬度：4　密度：2.2

化学式：$KCa_4Si_8O_{20}(F,OH) \cdot 8H_2O$　結晶系：正方晶系　色：無，白，淡黄，淡緑など　条痕色：白　光沢：ガラス，真珠　劈開：一方向に完全　硬度：5　密度：2.4

結晶水を急激な加熱により結晶格子外に排出すると，結晶表面で液体の水が発泡し，水が沸騰する様子に似ていることから，沸石とよばれる．現在の沸石の定義には，結晶水の存在とアルミノケイ酸塩であることが条件になっており，沸石の範疇に分類される鉱物100種ほどにはリン酸塩鉱物も含まれる．合成で得られる沸石の種類を併せると200種近くになる．

束沸石・菱マンガン鉱　Stilbite, Rhodochrosite

インド　India

化学式：$(Na,0.5Ca,K)_9(Si_{27}Al_9)O_{72} \cdot 28H_2O$　結晶系：単斜晶系　色：無，白，淡紅，淡黄など　条痕色：白　光沢：ガラス，真珠　劈開：一方向に完全　硬度：4　密度：2.2

化学式：$Mn(CO_3)$　結晶系：三方晶系　色：淡紅，赤，白　条痕色：白　光沢：ガラス，真珠　劈開：三方向に完全　硬度：3½-4　密度：3.7

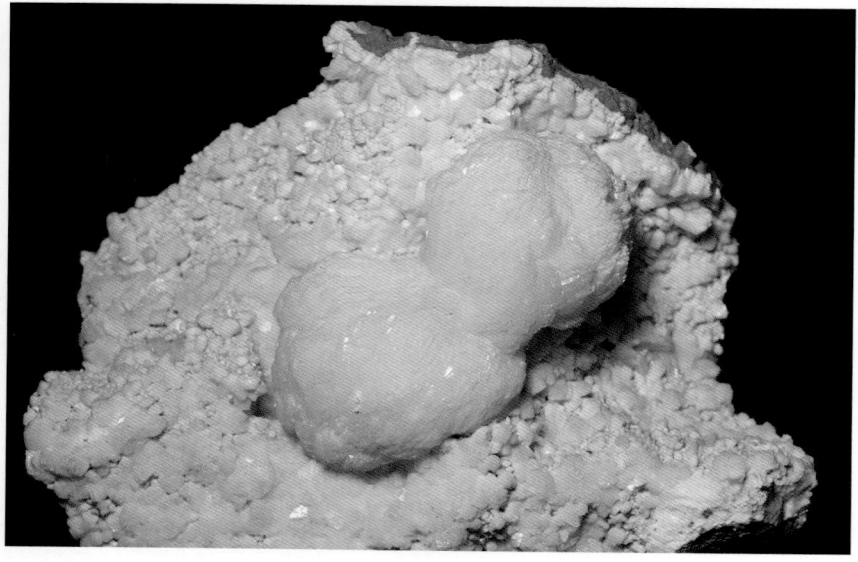

束沸石にはナトリウムが多いソーダ束沸石とカルシウムが多い灰束沸石の2種が知られている．扁平な直方体または短冊状の結晶形を示すが，稲の根本を束ねたように集合体を成すことが和名に反映されている．また劈開面での鋭い反射を表すギリシャ語が学名の元となった．無色ないし白色で，淡紅，黄，黄褐色を帯びることもある．

ソーダ沸石 Natrolite

インド　Bombay, India　　　　　　　　　　　　　　　　　　　　　　　　　　　　　　　　0448

化学式：$Na_2(Si_3Al_2)O_{10}\cdot 2H_2O$　結晶系：斜方（擬正方）晶系　色：無，白，淡紅，黄，褐など　条痕色：白　光沢：ガラス，絹糸，真珠　劈開：二方向に完全　硬度：5½　密度：2.2

名前の通り，ナトリウムを主成分とする沸石．無色ないしは白色が基本であるが，淡紅，黄，褐色などを帯びることもある．針状あるいは端部が緩やかな傾斜の四角錐となった四角柱状の自形結晶となる．放射状に集合し，密になって球状となる場合もある．結晶の途中で（球状集合体の内核部と外縁部で），中沸石，トムソン沸石など別種の沸石に変わることもある．

濁沸石 Laumontite

インド　Nasik, India　　　　　　　　　　　　　　　　　　　　　　　　　　　　　　　　0422

化学式：$Ca(Si_4Al_2)O_{12}\cdot 4H_2O$　結晶系：単斜晶系　色：無，白，淡紅，淡黄など　条痕色：白　光沢：ガラス　劈開：三方向に完全　硬度：3-4　密度：2.3

カルシウムが主成分の沸石．斜めに切り取ったような端面を持つ四角柱状晶が特徴．透明な結晶も，乾燥により脱水して白濁し，やがて粉末に砕ける．他の沸石では，このように空気中で自然乾燥して結晶水を失い，分解することはないので，鑑定の手がかりになる．基本は無色ないし白色で，淡紅，黄を帯びることもある．

輝沸石 Heulandite 0423
インド Nasik, India
化学式：$(Na,K,0.5Ca)_6(Si,Al)_{36}O_{72}\cdot 24H_2O$　結晶系：単斜晶系　色：無，白，淡紅，淡黄，淡褐など　条痕色：白　光沢：ガラス，真珠　劈開：一方向に完全　硬度：4　密度：2.2

輝沸石にはソーダ輝沸石，カリ輝沸石，灰輝沸石，ストロンチウム輝沸石，バリウム輝沸石の5種が知られており，それぞれナトリウム，カリウム，カルシウム，ストロンチウム，バリウムと主体の陽イオンの違いにより分類される．束沸石と同様，劈開面での反射の輝きが特徴的で，この特徴が束沸石の学名の元になったが，輝沸石では和名に反映された．扁平な六角板状，時には柱状の結晶形を示し，無色ないし白色の他に様々な色調を見せる．

琥珀 Amber 0367
ドミニカ Palo Alto, Dominica

琥珀は，樹脂（主に松ヤニ）が地質作用で変質（化石化）したもので，一般に複数種の有機物から成る．このため，単一相の1鉱物種としては扱えない．密度が1.1-1.3と低く，海水に浮く場合もある．また熱伝導が低く，加熱により軟化して変形する．さらに加熱すると融け，冷却により再び固化する．

黒耀岩 Obsidian
長野県小県郡長和町和田峠

流紋岩に近い化学組成（シリカ分約8割，アルミナ分約1割，その他アルカリなど約1割）の火山性ガラスを基質とし，少量の斑晶（基質，ここではガラス，に混ざり囲まれた細かい結晶）を含むこともある．火山性ガラスはマグマのような溶融体が結晶化する暇もなく急激に冷却されてできる．大きな塊は黒色で，まさにガラス状の鋭い縁端と不規則曲面の破断面が特徴．石器にも用いられた．火山ガラスが均質とは限らず，別物質である斑晶をも含むので，単一相の1鉱物種としては扱えない．

方解石上のデンドライト Dendritic Manganese Oxide / Hydroxide on Calcite
モロッコ Morocco

いわゆる，忍石．しばしば植物化石と誤認される．暗色の模様の正体は，非晶質あるいは低結晶質の酸化（水酸化）マンガンやリシオフォル鉱（アルミニウムとリチウムのマンガン酸塩水酸化物：呉須＝陶磁器用青色系顔料）など．低結晶質の酸化（水酸化）マンガンは単一相とは限らず，また相の同定も困難なことが多く，特定の鉱物名を与えることも難しい．

北川隆司先生と鉱物

　北川隆司先生が鉱物に魅了されたのはいつのことだったのだろうか．高校を卒業後，広島大学理学部地学科に入学された時には，すでに魅了されていたはずである．大学の学生時代にはよく鉱物採取に出かけたと話をされていた．一度見つけ，気に入った鉱物はどんなに大きくて重くとも持ち帰ったとのことだ．いつだったか，調査の際に通った広島県三原市の国道を走る車内で，突然，「この山に昔大きな水晶があって取りに行ったなぁ．」と話をしてくれた．どれほどの大きさだったのか尋ねたら，背負って山を下りるのに一苦労，当時使っていたリュックに入るかどうかの大きさだったとか．大学での講義の中でも，鉱物採取のエピソードを話すときは，いつも目を輝かせ，たくさんの映像と共に時間を忘れて語ってくれた．

　北川先生は，世界中を飛び回って研究をされていた．その内容は鉱物の種類を調べるだけでなく，生成過程や利用方法であったり，アスベストなどの環境問題であったり，はたまた地震や土砂災害といった自然災害まで幅広いものであった．北川先生は，鉱物の中でも最近話題の「PM2.5」とほぼ同じくらいの大きさの粘土鉱物を主として研究されていた．肉眼では見ることができない，とても小さな鉱物であるが，電子顕微鏡を使って観察すると，この鉱物がきれいな六角板状やチューブ状などの形をしていることがわかる．北川先生はその形を観察し，どのようにして形成されたのか明らかにしようとした．木に年輪があるように，鉱物にも成長の跡が残されている．しかし，木の年輪とは異なる点が鉱物にはある．同じ鉱物であっても，形態が異なることだ．黄鉄鉱の形を思い出してほしい．多くはサイコロ状の六面体であるが，他に八面体，十二面体，二十面体などたくさんの形がある．鉱物は成長の跡を形や表面に残しているのである．この跡を調べることで，ひとつひとつの鉱物がどのような環境で誕生し，成長したのか知ることができる．北川先生は粘土鉱物の成長の跡を調べ，どのような場所で誕生し，成長したのかを明らかにした．粘土鉱物の成長の跡はとても細かいため，ひとつの鉱物を調べるために何千個という観察用の試料を作成し，何千枚という写真を撮影し，やっとその成長を知ることができる．さらに，成長のはじまりの部分，中心部分を見つけることにどれくらいの労力が必要だったか，想像するだけでも大変な作業であっただろう．しかし，その鉱物の成長の跡を明らかにできた時の喜びはひとしおであったと想う．

　北川先生は鉱物の成長過程を明らかにするだけでなく，ある鉱物がどのように変化して別の鉱物になるのか，変化させる原因は何であるのかといったことも研究をされていた．その研究スタイルは野外調査を主としたものであった．自分が見聞きした経験に囚われることなく，常に新しい目でその場を視ることを大切にされていた．

　北川先生の採取エピソードを想像しながら，先生が集めた鉱物・鉱石をご覧いただきたい．

地下まゆみ

ご挨拶 —鉱物収集の思い出とともに—

　北川は1949年4月から2009年8月までの60歳4カ月という生涯を駆け抜けて逝きました．彼は多くの趣味を持ち，その趣味に関する物を継続して収集し，根気よく整理して飾っていました．その収集物の中でも研究分野に近い鉱物関係のリストとそれらの写真撮影を，ここ2年かけてやっと終了することができました．

　1970年代後半の結婚間もない頃から買い求めた鉱物も，ドイツのミュンヘンに滞在した1988年4月からの2年間で，収集量が一気に増加しました．また，ヨーロッパの鉱物文化に触発され，収集するものも鉱物に留まらず，化石や恐竜関連まで広がりました．

　ミュンヘンや，アメリカのアリゾナ州ツーソンで開催される大規模な鉱物等の取引場・ミネラルショー，国内では東京・大阪・京都でのミネラルショーには時間が許す限り出かけ，買い求めていました．

　少しずつ鉱物が集まりだし，「小さなものは見栄えがしないね」と私が発してしまったことが一因なのか，どんどん大きなものが自宅や勤務先に届くようになりました．そして，その梱包を解き，買い求めた物を取り出す時の満足そうな，誇らしそうな顔は少年のままだったように思います．

　また，ブラジルで学会が開かれた際には，ミナスジェライスのある鉱山で参加者は自由に採掘して良いと言われ，雲母やローズクォーツなどの採取に集合時間ぎりぎりまで熱中していました．取引場もあちこちにあり，また現地の人たちも個人的に売りに来たりで，バスの中は採取したり買い求めた鉱物で足元まで埋まりました．小さな田舎の郵便局では，送付用の段ボール箱が売り切れになり，途中で鞄を買い足して3便を日本へ送りました．残りの大切な鉱物は一張羅の上着や下着にくるんで，リュックに入れて前に後ろに担いで帰国しました．

　大学ではカメルーン，ルーマニア，ジャマイカ，中国，スリランカ等，各国からの留学生を受け入れ，現地指導にも行っておりました．スリランカから帰ったときは，採取した石墨で鞄の中は真黒でした．

　研究では20年近く韓国やロシア・ウラルの先生方と共同研究を続け，彼の地を何度も訪れ，韓国の美しいアメジスト，ウラルの蛇紋岩の製品とお土産も多彩になりました．

　共に旅した中で二人が一番気に入った博物館はノルウェーのオスロ大学

にある地質学博物館でした．優しい光と風の中で中央の広い吹き抜けを取り囲んで部屋が配置され，充実した収集物が各部屋に，また吹き抜けに面して飾られている様に感動して沢山の写真を撮り，アルバム2冊に収めました．

　住居を平和公園の近くに移してからは，修学旅行生の中で興味を持つ生徒さん達に立ち寄ってもらって，自然の創造物の美しさ，不思議さに触れてもらえるといいねと話していました．今回の巡回展に際し，一人でも多くの方にご来場いただき，その美しさ，不思議さを共感して頂くと嬉しく存じます．

　北川は，大好きだった呉の街や呉湾が見渡せ，生家を見降ろすことのできる小山の中腹に，敬愛して止まない母や，一度もケンカしたことがないというほど仲の良かった弟と共に眠っています．凡そ2000点ある鉱物の中から今回選ばれた200点の中に，北川が亡くなった後に私が買った物が5点も含まれていて，霊前で自慢しています．彼が嬉しそうに話した夢の話"真黄色の美しい黄銅鉱が一面に広がる景色を見た"は想像がつきませんが，「石」と言っては「鉱物」と何度も訂正された「不思議な美しい石」には私までもが魅了されたままです．

　北川の闘病中に，そして亡くなった際に多くの皆様からお寄せいただいた暖かい激励のお言葉，優しいお心遣いに，この場を借りて厚く御礼申し上げます．

　今回の巡回展と本誌の発行は，国立科学博物館の松原聰先生，宮脇律郎先生，門馬綱一先生を始め，広島大学理学研究科修了生の地下まゆみさん，同じく理学部の卒業生で写真を撮影してくださった吉冨健一さん，小笠原洋さん，そして鉱物運搬で撮影班を支えてくださった森田敏史さん，教育学研究科の院生の方々のご尽力により実現したものです．

　そして各博物館の先生方のご尽力により，多くの皆様にお披露目できることは北川にとりましては，望外の喜びであろうと思いますし，彼の託した思いを少しでも形にしたいと願ってきた私にとりましてもやっと少し肩の荷を下ろすことができたように感じられます．本当にありがとうございます．改めて御礼と感謝を申し上げます．

北川ふさえ

北川隆司(1949年4月〜2009年8月)

索引

【あ】
亜鉛孔雀石　40
アクアマリン　78
天河石　101
霞石　37, 38
安四面銅鉱　17
アントラー鉱　47

【い】
異極鉱　74, 75

【え】
エジリン輝石　83
エメラルド　78

【お】
黄玉　74
黄鉄鉱　8-10, 12, 33
黄銅鉱　10
オーケン石　90
オパル　65-67

【か】
灰クロム石榴石　71
灰重石　50
灰長石　102, 103
灰鉄石榴石　71
灰礬石榴石　70
灰硼石　42
灰簾石中のルビー　21
ガイロル石　98
霞石　83
褐鉛鉱　53
滑石　91
カバンシ石　90

カリ長石　94, 99
岩塩　31
頑火輝石　84

【き】
輝安鉱　14, 15
輝水鉛鉱　13, 14
黄水晶　62
輝沸石　89, 90, 108
球状閃緑岩　2
魚眼石　89, 105, 106
金雲母　95, 96
銀星石　54, 55
金緑石　26

【く】
苦灰石　39
孔雀石　40
苦土橄欖石　68
苦土電気石　81
クリノクロア石　97
クロム鉄鉱　25

【け】
珪亜鉛鉱　25
珪化木　3
鶏冠石　13
珪孔雀石　98
月長石　102
煙水晶　59, 60, 101

【こ】
紅亜鉛鉱　25
紅鉛鉱　48
硬石膏　45

黒耀岩　109
コスモクロア輝石　86
琥珀　108
コランダム　20, 21

【さ】
サファイア　21

【し】
自然硫黄　5, 38
自然金　7, 8
自然銀　6
自然銅　6
磁鉄鉱　24
縞状鉄鉱床　3
十字石　73
重晶石　28, 46, 47
ジルコン　72
白雲母　74, 80, 92-94
辰砂　16
針鉄鉱　26

【す】
水亜鉛銅鉱　41
水鉛鉛鉱　49
水晶　56, 57, 58
翠銅鉱　79
スピネル　24

【せ】
青金石　104, 105
正長石　99, 100
星葉石　87
石英　7, 19, 23, 26, 56-65, 77, 81, 85, 94, 100, 101

赤鉄鉱　19, 22, 23	バスタム石　87	【む】
赤銅鉱　19	パライバトルマリン　83	紫水晶　61
石墨　4	バラ輝石　86	
石膏　42-44	玻璃長石　102	【め】
閃亜鉛鉱　11, 12, 28, 32	斑銅鉱　12	瑪瑙　64, 65
【そ】	【ひ】	【ゆ】
曹灰長石　102, 103	微斜長石　100, 101	ユージアル石　83
曹灰硼石　41	翡翠輝石　85	
曹長石　52, 80, 85, 99	氷長石　100	【よ】
ソーダ沸石　107		葉蝋石　91
	【ふ】	
【た】	普通角閃石　88	【ら】
ダイヤモンド　4	フッ素燐灰石　52, 53	ラズライト　104, 105
濁沸石　107	葡萄石　89	ラピスラズリ　104, 105
束沸石　89, 90, 105, 106	ブラジル石　55	藍晶石　72, 73
蛋白石　65, 66, 67	フランクリン鉄鉱　25	藍銅鉱　39
胆礬　48		
ダンブリ石　76	【へ】	【り】
	ペグマタイト　2	リチア雲母　94, 95
【つ】	ベスブ石　75	リチア輝石　85
ツヤムン石　56	紅電気石　81	リチア電気石　81-83
	ベニト石　77	硫砒鉄鉱　17, 18
【て】		硫砒銅鉱　18
鉄重石　51	【ほ】	菱亜鉛鉱　36, 37
鉄電気石　79, 80	方鉛鉱　16	菱鉄鉱　36
鉄礬石榴石　68, 69	方解石　12, 13, 16, 25, 32-34, 109	菱ニッケル鉱　35
天青石　45	方ソーダ石　103, 104	菱マンガン鉱　35, 106
デンドライト　109	蛍石　27-30	緑閃石　88
		緑柱石　78
【と】	【ま】	緑簾石　77
透輝石　84	マンガン斧石　76	
虎目石　63, 64	マンガン重石　51	【る】
		ルチル　19
【は】	【み】	瑠璃　104, 105
ハーキマー水晶　58	ミメット鉱　54	

監修者
松原　聰
（まつばら　さとし）
1946年生，京都大学大学院理学研究科修了．
前国立科学博物館地学研究部長．
国立科学博物館名誉館員．同名誉研究員．理学博士．

執筆者
北川ふさえ・地下まゆみ・吉冨健一・小笠原 洋・門馬綱一・宮脇律郎

教授を魅了した大地の結晶──北川隆司　鉱物コレクション200選
（きょうじゅ　みりょう　だいち　はな　きたがわりゅうじ　こうぶつ　せん）

2013年6月5日　第1版第1刷発行
2014年11月20日　第1版第3刷発行

監　修　松原　聰
発行者　安達建夫
発行所　東海大学出版部
〒257-0003　神奈川県秦野市南矢名3-10-35　東海大学同窓会館内
TEL 0463-79-3921　FAX 0463-69-5087
URL http://www.press.tokai.ac.jp/
振替　00100-5-46614

印刷所　港北出版印刷株式会社
製本所　株式会社積信堂

©Satoshi Matsubara, 2013
Ⓡ〈日本複製権センター委託出版物〉
ISBN978-4-486-01979-4

本書の全部または一部を無断で複写複製（コピー）することは，著作権法上の例外を除き，禁じられています．本書から複写複製する場合は日本複製権センターへご連絡の上，許諾を得てください．日本複製権センター（電話03-3401-2382）